助力乡村振兴
出版计划

【现代农业科技与管理系列】

农业生产

全程机械化技术

主　编　陈黎卿

副 主 编　伍德林　刘立超

U0396154

时代出版传媒股份有限公司
安徽科学技术出版社

图书在版编目（CIP）数据

农业生产全程机械化技术 / 陈黎卿主编. --合肥:安徽科学技术出版社,2022.12

助力乡村振兴出版计划.现代农业科技与管理系列

ISBN 978-7-5337-8458-4

Ⅰ.①农… Ⅱ.①陈… Ⅲ.①农业机械化 Ⅳ.①S23

中国版本图书馆 CIP 数据核字（2022）第 214642 号

农业生产全程机械化技术　　　　　　　　　　　　　　主编　陈黎卿

出 版 人：丁凌云　选题策划：丁凌云　蒋贤骏　余登兵　责任编辑：王　勇
责任校对：李　茜　责任印制：梁东兵　　　　　　　　装帧设计：王　艳
出版发行：安徽科学技术出版社　　　　http://www.ahstp.net
　　　　　（合肥市政务文化新区翡翠路 1118 号出版传媒广场,邮编:230071）
　　　　　电话：(0551)63533330
印　　　制：安徽联众印刷有限公司　　　电话：(0551)65661327
（如发现印装质量问题,影响阅读,请与印刷厂商联系调换）

开本：720×1010　1/16　　　印张：10.5　　　　字数：152 千
版次：2022 年 12 月第 1 版　　印次：2022 年 12 月第 1 次印刷

ISBN 978-7-5337-8458-4　　　　　　　　　　　　定价：43.00 元

出版说明

　　"助力乡村振兴出版计划"(以下简称"本计划")以习近平新时代中国特色社会主义思想为指导，是在全国脱贫攻坚目标任务完成并向全面推进乡村振兴转进的重要历史时刻，由中共安徽省委宣传部主持实施的一项重点出版项目。

　　本计划以服务乡村振兴事业为出版定位，围绕乡村产业振兴、人才振兴、文化振兴、生态振兴和组织振兴展开，由《现代种植业实用技术》《现代养殖业实用技术》《新型农民职业技能提升》《现代农业科技与管理》《现代乡村社会治理》五个子系列组成，主要内容涵盖特色养殖业和疾病防控技术、特色种植业及病虫害绿色防控技术、集体经济发展、休闲农业和乡村旅游融合发展、新型农业经营主体培育、农村环境生态化治理、农村基层党建等。选题组织力求满足乡村振兴实务需求，编写内容努力做到通俗易懂。

　　本计划的呈现形式是以图书为主的融媒体出版物。图书的主要读者对象是新型农民、县乡村基层干部、"三农"工作者。为扩大传播面、提高传播效率，与图书出版同步，配套制作了部分精品音视频，在每册图书封底放置二维码，供扫码使用，以适应广大农民朋友的移动阅读需求。

　　本计划的编写和出版，代表了当前农业科研成果转化和普及的新进展，凝聚了乡村社会治理研究者和实务者的集体智慧，在此谨向有关单位和个人致以衷心的感谢！

　　虽然我们始终秉持高水平策划、高质量编写的精品出版理念，但因水平所限仍会有诸多不足和错漏之处，敬请广大读者提出宝贵意见和建议，以便修订再版时改正。

本册编写说明

农业机械化是农业农村现代化的重要标志。随着工业化、城镇化进程的加快,农民老龄化的趋势凸显、农业劳动力短缺的矛盾突出和农业用工成本持续上升,解决好"谁来种地、怎样种地"的需求日益迫切,只有加快推进农业机械化发展,才能为粮食安全生产和农业现代化发展提供坚强保障。

本书主要针对水稻、小麦、玉米、大豆、油菜、茶叶、蔬菜、林果等主要作物生产全程机械化展开阐述。本书第一章侧重水稻生产全程机械化解决方案,第二章侧重小麦生产全程机械化解决方案,第三章侧重玉米生产全程机械化解决方案,第四章侧重大豆生产全程机械化解决方案,第五章侧重油菜生产全程机械化解决方案,第六章侧重茶叶生产全程机械化解决方案,第七章侧重蔬菜生产全程机械化解决方案,第八章侧重林果生产全程机械化解决方案。

参加本书编写的有张顺副教授(第一章)、王韦韦副教授(第二章)、刘立超讲师(第三章)、张春岭讲师(第四章)、李兆东副教授(第五章)、秦宽讲师(第六章)、伍德林副教授(第七章)、孙燕副教授(第八章)。感谢安徽省农业机械技术推广总站江洪银研究员、蔡海涛高级工程师等专家为充实本书内容提供了帮助。

在本书的编写过程中,参考了大量的文献、报告及资料,编者尽可能在参考文献中做了说明,但由于工作量大及部分内容编者不详,对没有说明的文献作者在此表示歉意和感谢!

希望本书成为读者朋友们在生产实践中的得力助手。

目　录

第一章 水稻生产全程机械化技术

　　水稻是我国主要的粮食作物之一，其种植规模位列全国第二。据国家统计局统计，2021年我国水稻种植面积为29 920 000公顷，占全国粮食作物总播种面积的25.4%。我国稻作分布广泛，从南到北，稻区跨越了热带、亚热带、暖温带、中温带和寒温带5个温度带。从总体上看，由于受纬度、温度、季风、降水量、海拔高度、地形等的影响，我国稻作区域的分布呈东南部地区多而集中、西北部地区少而分散、西南部垂直分布、从南到北逐渐减少的格局。水稻种植区域以南方为主，南方3个稻作区占全国总播种面积的93.6%，其中长江流域水稻面积已占全国的65.7%；北方3个稻作区约占全国播种面积的6.0%。安徽省地处长江流域，是我国水稻主产地之一，常年种植面积为37 000 000亩（1亩≈666.7平方米，后同）以上，占全国水稻种植面积的8.5%、全省耕地面积的39%，稻谷产量约14 500 000万吨，占全省粮食总产量的52.0%，占全国水稻总产量的7%，排在全国第六位。巩固和稳定安徽省的水稻生产，提高水稻生产机械化水平，对于增强水稻的综合生产能力，保障国家粮食安全有着重要的意义。

▶ 第一节　水稻种植区域及模式特点

　　安徽省水稻种植主要分布在淮河以南，兼有南北方稻区的特点，籼、粳、糯品种类型齐全。沿淮地区以单季稻为主，江淮丘陵地区单双季稻兼有，沿江圩区双季稻居多，皖南和大别山区单双季稻混栽普遍。

　　水稻主要轮作形式为稻麦、稻油和稻稻连作。其中，稻麦连作最为普

遍,占水稻种植面积的 65.0%;稻油连作次之,占 15.0%;稻稻连作不到 9.0%。此外,"一种两收"的再生稻种植新模式在长江以南的安庆市、芜湖市等地有所应用。

水稻机械化种植主要是机械化育秧、插秧和机械直播。长江以北及沿江灌溉水有限的地区采用机械化旱直播种植水稻。

▶ 第二节 水稻生产全程机械化现状及存在的问题

近年来,国家着力推进水稻生产全程机械化,大力推广先进适用的农机装备与机械化技术,水稻生产耕整地、种植、植保、收获、烘干等关键环节的机械化水平普遍提高,"十三五"末期,水稻耕、种、收综合机械化率达到 86%,特别是种植、植保、烘干等薄弱环节的机械化取得很大进步,水稻种植机械化率达到 60%。

在水稻生产全程机械化推广应用及高质高效转型升级进程中,还存在如下问题:

(1)水稻育秧、插秧机械化水平总体不高。近年来,虽然工厂化育秧、插秧机插秧技术及装备获得了较大的推广和发展,但相比耕整、收获环节,机械化育秧、插秧水平仍然较低,已成为制约水稻全程机械化发展的瓶颈。当前育秧技术流程长、环节多,育秧播种流水线作业自动化程度低、劳动力密集、投入大,且机械化育秧、插秧技术对秧苗质量要求高,因此,大部分种植户更愿意选用简单的直播种植方法。

(2)水稻栽植机具栽插模式单一。我省水稻种植区域广且散,水稻品种多样,对栽插条件要求不一,生育期不同、栽植时间不同则栽植密度不同,因而对株距、行距的要求也不同,并且品种之间存在较大差异。目前,我国水稻插秧机行距多数为 25 厘米或 30 厘米,也有少数为 20 厘米,机具行距固定不变,不能满足所有水稻品种的种植要求。

(3)水稻生产成本逐年提高。伴随农村青壮劳动力不断转移,我省水稻生产受劳动力制约现象日益严重,农忙季节劳动力短缺和劳动力价格上涨等问题突出,水稻机械化育秧、插秧环节劳力成本不断增加,化肥、农药等生产资料成本亦大幅增长,大大提高了水稻生产成本,降低了生产效益。

(4)水稻生产全程机械化技术应用热情不高。当前,由于受水稻种植效益的限制,种植户对水稻生产全程机械化认识和认可程度低,技术应用积极性不高,且大部分种植户文化水平不高,缺乏对新技术、新方法、新机具的使用热情,他们更愿意选用熟知的老方法。

(5)机耕路和水利设施配套建设有待完善。水田机械下田作业"行路难"的问题依然突出;农田水利设施不配套,影响水稻整个生育期的水浆管理,不能及时做到"旱能灌、涝能排"。机耕路和水利设施配套建设是影响水稻生产全程机械化应用的另一个关键因素。

(6)农机技术人员的专业素质有待提高。一些地区存在新老技术人员交替断层的问题,难以形成有效的水稻农机农技推广力量;随着"农口"改革的不断推进,农机技术人员数量逐渐减少,并存在水稻农机技术人员结构不合理、人员专业性不强、知识更新缓慢的现象,这也是水稻生产全程机械化技术推广应用的不利因素。

▶ 第三节 水稻生产全程机械化解决方案及典型模式

水稻生产全程机械化涉及田地耕整、种植、植保、收获、烘干、秸秆处理等环节,其技术路线如图 1–1 所示。

一 水稻耕整地机械化技术

(一)水稻耕整地机械化技术要求

水稻机械化育秧、插秧和机械直播一般要求田块平整,全田高低差不超过 5 厘米;田面清洁无杂物、表土软硬适中、上细下粗,碎土系数≥92%,埋草覆盖率≥95%;土壤耕深 15~20 厘米,耕深一致,不重不漏,耕深

稳定系数≥85%；泥脚深度<25厘米，栽插秧前大田水层深度为3~5厘米,适宜中小苗薄水机插;直播大田水层不超过3厘米。

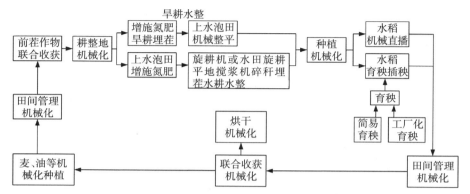

图1-1 水稻生产全程机械化技术路线图

(二)机械化耕整地作业模式

适宜于稻油、稻麦和双季稻轮作的机械化耕整地作业有以下模式。

1.旱耕水整

前茬收获后,利用铧式(圆盘)犁耕翻或旋耕机旱旋,晒垡碎土后,上水泡田并整平。作业流程:前茬秸秆处理→耕翻(旋耕)灭茬→晒垡→上水泡田、施肥、杂草封杀→碎土整平→沉实→水稻机插(水稻直播机直播)。

2.水耕水整

前茬收获后,先上水泡田1~2天,软化土壤和秸秆,进行水田旋耕、埋茬、整地,水层深度以3~5厘米为宜。作业流程:前茬秸秆处理→上水泡田→旋耕埋茬→保持浅水层、施肥、杂草封杀→碎土整平→沉实→水稻机插(水稻直播机直播)。

(三)典型机具

1.铧式(圆盘)犁

安徽省的水稻田宜采用悬挂犁,该犁主要由犁体、犁架、限深轮和悬挂架等组成,通过三点悬挂于拖拉机后方。作业时在行驶方向上向右翻垡,作业后田中会留下开闭犁沟。为减少地表犁沟,通常小田块采用内翻法或外翻法,大田块采用套翻法(图1-2),否则影响下一道工序的整地和播种作业。

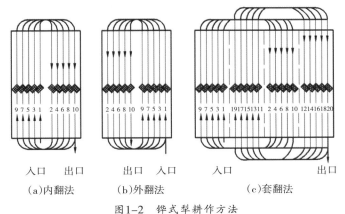

|（a）内翻法|（b）外翻法|（c）套翻法|

图1-2　铧式犁耕作方法

2.旋耕机

目前,安徽省常用的旋耕机有常规正转旋耕机、反转灭茬旋耕机、水田旋耕平地搅浆机、微耕机等。常规正转旋耕机作业效率高,是被广泛使用的旋耕机类型;反转灭茬旋耕机碎土埋茬性能好,能够将秸秆的根茬覆盖于耕作层下部,还田效果较好;水田旋耕平地搅浆机常配备液压平地装置,一次作业即可完成耕暄、灭茬、碎土、秸秆还田、打浆及平地联合;微耕机常被装配于手扶拖拉机上,具有质量轻、体积小、结构简单等特点,主要用于丘陵山区水田、育秧大棚和样板田等。

旋耕机作业前,应注意观察旋耕刀片的安装规律。若旋耕刀片为向外安装,即刀轴左侧装左弯刀片,刀轴右侧装右弯刀片,则耕后左、右刀片的中间有浅沟,适于破垄耕作;若旋耕刀片为向内安装,即刀轴左侧全部装右弯刀片,刀轴右侧全部装左弯刀片,则耕后左、右刀片中间起垄,适于作畦前的整地作业;若旋耕刀片为交错安装,即左、右弯刀在刀轴上交错排列安装,则耕后地表平整,适于耕后耙地或播前耕地。

旋耕机常用的耕作方法有梭形耕法、套耕法和回耕法,如图 1-3所示。

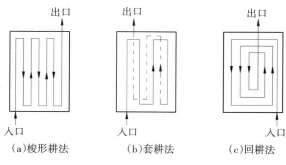

| （a）梭形耕法 | （b）套耕法 | （c）回耕法 |

图1-3　旋耕机耕作方法

二　水稻种植机械化技术

水稻种植机械化技术,主要分为水稻育秧、插秧机械化技术和水稻直播机械化技术。相比传统人工移栽种植模式,两者均具有作业效率高、劳动强度低、作业成本低等特点。水稻育秧、插秧机械化技术包括毯状苗、毯状钵体苗和钵体苗栽植3种;水稻直播机械化技术包含机撒播、机条播和机穴播,其中,毯状苗机插和精量穴直播是安徽省运用最广泛的水稻种植机械化技术。

（一）水稻育秧、插秧机械化技术

水稻育秧、插秧机械化技术是根据农艺要求,通过栽插机械将育好的规格化秧苗移栽到大田的集成技术。

规格化育秧就是培育出适用于不同插秧机械的标准化秧苗,是水稻育秧、插秧机械化技术的关键所在。规格化育秧方式主要有简易规格化育秧和工厂化育秧。

1.简易规格化育秧

该技术是用标准软盘或硬盘,在大田或房前屋后零散用地进行秧苗培育的一种育秧方式,具有投资成本低、操作简便的特点,不足的是人工操作多、机械化程度低、生产效率低,这是机械插秧推广初级阶段普遍采用的育秧方式,适用于农户、经营规模较小的家庭农场。

2.工厂化育秧

该技术是采用机械化、智能化的装备,将水稻种子经催芽、流水线播种、适温避光成苗及大棚育秧等过程,批量生产出适于机械化栽植的水稻秧苗,是一项适用于当前规模化生产的农业节本增效技术。其核心技术是采用播种机流水线一次性完成育秧播种作业,解决了人工播种不均匀、效率低、劳动强度大的问题。

(二)水稻穴直播机械化技术

水稻穴直播机械化技术是通过穴直播机将种子定距成穴地直接播到大田的技术。水稻穴直播种植技术具有省工、省力、节本、生长有序、耐肥抗倒伏的优点,但是大田生育期长,需在茬口、温度等适宜的情况下应用。

(三)典型机具

1.育秧机具及设备

(1)秧盘。根据秧盘材料硬度分为软盘和硬盘,软盘主要用于简易规格化育秧,成本低,使用寿命为1~2季。硬盘主要用于工厂化育秧,价格较高,使用寿命为3~5年;根据培育的秧块形状,秧盘分为毯状苗盘、钵体苗盘和毯状钵体苗盘,毯状苗使用普通插秧机栽插,钵体苗使用钵体苗摆栽机栽插,毯状钵体苗使用毯状钵体苗两用机栽插;根据秧盘尺寸,秧盘分为9寸盘(长60厘米×宽30厘米×高2.5厘米)和7寸盘(长60厘米×宽25厘米×高2.5厘米),可分别供给行距30厘米(9寸)和25厘米(7寸)的插秧机使用。

(2)育秧播种流水线。育秧播种流水线是一次性完成铺土、洒水、播种、覆土的机械。流水线主要适用于硬盘及配有托盘的软盘育秧。流水线作业时,需要保持机体水平并呈直线。播种前,要调试铺土厚度、洒水量、播种量和覆土厚度等。通过调节机械的输送带与阀门间隙满足底土、覆土的厚度要求,一般底土为1.8~2.0厘米,覆土0.3~0.5厘米;洒水量以使床土处在充分饱和状态为宜,调整水量不能过小或过激,水量过小则土壤含水量不足,水量过激则易导致床土不平。播种量要根据水稻品种或农艺要求调整,主要是调节电机控制播种槽轮的运转速度。

(3)水稻印刷播种机。水稻印刷育秧播种技术是在可降解的纸上涂上一条一条的生物胶,使种子有规律地黏附在生物胶上,排列整齐,播种均匀,是实现毯状苗育秧精确定位、精量匀播的一种新型育秧播种技术,解决了传统育秧播种技术播种不均匀的难题,并节省稻种20%,育出的秧苗条路清晰。图1-4为水稻印刷播种机作业,图1-5为水稻印刷播种机作业效果。

(4)自走式水稻软盘育秧机。自走式水稻软盘育秧机是在做好的秧

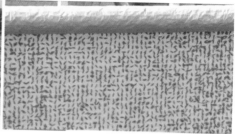

图1-4　水稻印刷播种机作业　　　图1-5　水稻印刷播种机作业效果

板田上一次性完成摆盘、铺土、播种、覆土工序，1小时可完成700盘、单排作业。作业前要进行机具调试，确保底土厚度、播种量、覆土厚度符合育秧技术要求。若自走式水稻软盘育秧机播种器采用槽轮式，播种量较大时（常规稻），播种均匀合格率符合要求；播种量较小时（杂交稻），播种均匀合格率难以得到保证。为了保证播种均匀，可结合印刷播种技术。机组作业时，需保持直线匀速，保证秧盘摆放紧密、秧床墒情较好，防止压痕造成秧盘摆放不整齐，影响秧块质量。图1-6为自走式水稻软盘育秧技术与印刷播种技术融合应用作业效果。

图1-6　自走式水稻软盘育秧技术与印刷播种技术融合应用作业效果

2.机插机具

水稻插秧机械主要分为手扶式和高速乘坐式两大类。手扶式插秧机主要有4行、6行插秧机；高速乘坐式插秧机主要有6行、8行和10行插秧机。插秧机按照栽插秧块形状又可分为毯状苗插秧机、毯状钵体苗插秧机、钵苗移栽机。

（1）手扶（步进）式插秧机。作业时，人跟随插秧机行进，用手扶来控制插秧机的行驶方向。目前，步进式插秧机均采用曲柄连杆式栽插机构，最高插秧频率一般限制在 300 次/分钟左右，插秧效率为 2~3 亩/小时。机体主要由动力系统、传动系统、行走系统、栽植系统、仿形系统等组成。动力系统一般采用四冲程汽油发动机；传动系统由变速箱和离合器等组成；行走系统由机架和驱动轮构成，机架支撑发动机、变速箱等部件，驱动轮驱动整机前进或后退；栽植系统由变速箱、插秧机构、送秧机构、取秧量调节机构及秧箱等组成。取秧量调节机构是用来调节每穴取秧株数的装置，通过秧箱横向移距和秧针在秧门中的纵向深度进行调整。仿形系统可根据水田地形进行仿形调节，保证插秧深度的一致性。插秧行距30 厘米固定不变，株距有 12 厘米、14 厘米、16 厘米、21 厘米等多挡可调，插秧深度和每穴栽插株数可调。

（2）高速乘坐式插秧机。具有较高的行驶速度和作业效率，能大大降低操作人员的劳动强度。高速乘坐式插秧机插秧频率可以达 600 次/分钟，作业效率最高可达 9 亩/小时。乘坐式插秧机主要有独轮加船板和四轮驱动两种形式。独轮加船板插秧机具有结构简单、制造成本低、操作方便灵活等特点，船板可随着耕地的凹凸不平而自动上下左右调节，使插秧部分始终保持在水平位置，保证了插秧质量。独轮加船板插秧机动力系统一般为 2.42 千瓦风冷柴油机。四轮驱动插秧机动力系统采用双缸或三缸水冷四冲程汽油发动机，少数机型采用柴油发动机，功率一般不高于 6 千瓦，以满足乘坐式插秧机高速作业的需要，其工作原理与手扶插秧机类似。插秧行距有 30 厘米和 25 厘米两种，株距有 10 厘米、14 厘米、22 厘米等多挡可调，插秧深度和每穴栽插株数可调。

（3）毯状钵体苗插秧机。现有的传统毯状秧苗插秧技术存在秧龄弹性小、伤秧伤根、漏秧、每丛苗数不均匀及返青慢等问题，制约机插水稻增产潜力。水稻毯状钵体苗插秧技术，通过培育毯状钵体形秧苗，利用改进的普通插秧机按钵取秧，实现了钵苗机插、伤秧和伤根率低、漏秧率低、栽后秧苗返青快、发根和分蘖早，有利于实现水稻高产。毯状钵体苗插秧机的基本构造及工作原理与普通插秧机大体相同，只是栽植系统的齿轮传动装置和秧针结构有区别，以适应毯状钵体苗的栽插。

（4）可调宽窄行高速水稻插秧机。在传统高速乘坐式插秧机的基础

上,可调宽窄行高速水稻插秧机（2ZGK-6型,如图1-7所示）创制了可调分体组合式秧箱、横向移箱控制导轴、双螺旋电控调节机构、双偏心轮锁紧机构等,实现插秧行距在一定范围内无级可调,满足水稻宽窄行栽植,以适应不同品种、种植模式和水肥条件的水稻种植密度要求,有效提高水稻通风透光性能和光合作用,降低株间湿度,减少水稻病虫害的发生,有利于后期田间管理,提高单位面积产量。该机解决了现有插秧机难以满足不同水稻品种不同种植行距的要求,并能兼用毯状苗和毯状钵苗。

图1-7　2ZGK-6型可调宽窄行高速水稻插秧机及其作业效果

（5）覆膜插秧机。将一套铺膜装置装配到传统的乘坐式高速插秧机上,并在秧针或分插机构上增配破膜装置,作业时能依次完成覆膜压边、膜上打孔、对孔插秧。地膜为全生物降解地膜,在水稻生育期便能自动分解,对土壤及作物无副作用,且不影响下茬作物种植。水稻膜上栽秧有提高地温、增加有效积温和穗数、减轻杂草和病虫害、防止水土流失等优点。水稻覆膜插秧机作业效果如图1-8所示。

图1-8　水稻覆膜插秧机作业效果

（6）水稻钵苗摆栽机。水稻钵苗摆栽机械化技术通过钵形秧盘培育秧苗，利用摆栽机按钵精确取秧。使用这种技术实现钵苗摆栽，秧苗根系带土多，很少伤秧和伤根，栽后秧苗返青快，发根和分蘖早，能充分利用低位节分蘖，有效分蘖多，苗丛均匀一致，从而有利于高产群体形成，实现高产高效。

钵苗摆栽机与传统插秧机相比，栽植系统有较大差别，钵苗摆栽机的摆栽机构适宜于钵苗的取苗和摆栽；另外，传统钵苗摆栽机与插秧机的送秧机构也有区别。钵苗摆栽机的工作原理是发动机分别将动力传递给摆栽机构和送秧机构，在两个机构的相互配合下，摆栽机构的秧爪抓取带土秧苗并下移，当移到设定的摆栽深度时，秧爪从秧苗上移走，完成一个摆栽过程。图1-9为钵苗摆栽机，其作业效果如图1-10所示。

图1-9　钵苗摆栽机

图1-10　钵苗摆栽机作业效果

（7）水稻有序抛秧机。利用水稻有序抛秧机可实现有序抛秧，并能任意设置每亩田的栽种株数和行距，工作幅宽在2.5~3.9米，工作效率是人工抛秧的10倍以上，最高工作效率达到12亩/小时，实际工作效率达80亩/天。同时，其还具有省苗、无返青期、分蘖率高等特点。使用水稻有序抛秧机能使秧苗成熟期比机插秧提前5~8天，产量高出10%以上。水稻有序抛秧机及其作业效果如图1-11所示。

图1-11　水稻有序抛秧机及其作业效果

（8）水稻直播机。水稻直播种植一般分为水直播和旱直播，适用机具分别为水稻精量穴直播机和水稻旱直播机。用于水直播的水稻精量穴直播机一般可同时进行开沟、起垄和播种作业，通常配置乘坐式高速插秧机底盘，配套功率16~20马力，采用插秧机底盘上的液压仿形机构，通过浮板感应到田面的状况从而自动控制直播机滑板上下浮动，使滑板始终紧贴田面，并平整好待播的田面，减少壅泥；依靠滑板下的开沟装置形成沟垄相间的土体结构，种子播入垄台上的小沟中，既可满足种子萌发所需的土壤含水量，又可促进秧苗根系下扎，提高抗倒伏能力。用于旱直播的水稻旱直播机一般配备旋耕施肥开沟装置，一次作业可完成混施基肥、旋耕灭茬、开沟、播种、镇压等工序。播种行距可通过调整排种器的间距实现；播种穴距可通过调节排种器与地轮（或驱动轮）的传动比实现；穴播量则通过调整排种器的排种部件实现。图1-12为水稻精量穴直播机，图1-13为水稻旱直播机。

图1-12　水稻精量穴直播机　　　　图1-13　水稻旱直播机

（9）铺膜穴播机。水稻覆膜种植通过地表覆膜（全生物降解地膜）抑制杂草生长，能有效避免草害，减少病虫害，减少化学药剂的施用，并具有节水、保土、保肥、抑盐保苗、改进近地面光热条件等功效，可提高水稻产量、品质及种植效益。地膜在水稻生育期逐渐降解，不影响下茬作物种植。水稻铺膜穴播机集平地、覆膜、开孔、穴播、镇压等功能于一体，在事先旱旋整平的田块上，利用铺膜穴播机上的平地装置、铺膜装置和鸭嘴播种器，依次完成地表平整、铺膜覆土、膜上开孔、开穴播种工序，其作业效果如图 1-14 所示。

图1-14　水稻铺膜穴播机作业效果

（10）侧深施肥装置。水稻侧深施肥技术是在水稻机械插秧或直播的同时用侧深施肥装置将肥料（基肥、基蘖肥或基蘖穗肥）按照农艺要求一次性施在秧苗根部侧下方的泥土中，施肥深度为 5 厘米，肥料距秧根侧向距离 3~5 厘米。根据排出肥料的动力，其可分为螺旋推进式和气吹式两类。气吹式装置依靠风机的作用将落入排肥管的肥料送至排肥口，受肥料影响，排肥口容易被堵塞、排肥不匀；螺旋推进式装置输送螺杆由直流电机强制驱动，保证在施肥作业时不易发生肥料堵塞排肥口的现象，并可与北斗导航技术配套使用，实现排肥速率的智能调节，提高排肥均匀性。水稻侧深施肥装置在插秧机上的安装位置主要有居中、侧边、后置 3 种，居中安装的插秧机在机手上秧时会受影响，侧边和后置安装的插秧机对上秧影响小，但是对整机平衡有影响，各有利弊。侧深施肥装置如图 1-15 所示。

图1-15　侧深施肥装置

（三）水稻植保及其管理机械化技术

水稻植保机械化技术是指在水稻生产管理过程中，针对不同病虫草害的特点，采用相应的植保机械进行物理或喷施化学药剂的方式防治水稻病虫草害的技术。

水稻管理机械化技术是指在水稻生育期使用水田开沟机、施肥机等进行水浆管理与肥料运筹的技术。

（一）水稻植保机械化技术分类

水稻植保机械化技术主要有喷雾法、弥雾法、超低量法、喷烟法、喷粉法等。水稻植保机械类型主要有背负式喷雾喷粉机、担架式喷雾机、自走式喷杆喷雾机和植保无人机等。

（二）水稻植保典型机具

1.背负式喷雾喷粉机

背负式喷雾喷粉机由气压输液、气流输粉、气力喷雾系统构成，一般配备汽油机或电动机作为驱动。由汽油机驱动的喷雾喷粉机作业时，风机引风管引出的少量高速气流从进气塞经过进气管到出气塞进入药箱，并在药液上部形成一定的压力，迫使药液流出，通过喷洒装置喷洒。由电动机驱动的背负式喷雾喷粉机作业时,具有操纵轻便灵活、适用性广等特点。

2.担架式喷雾机

担架式喷雾机的各个工作部件装在像担架的机架上,作业时由人抬着担架进行转移或由拖拉机配套成牵引式的机动喷雾机。它的特点是喷射压力高、射程远、喷量大,雾滴大小及射程均可调整,使用时转移方便。根据担架式喷雾机配用泵种类的不同,其可分为两大类:担架式离心泵喷雾机和担架式往复泵喷雾机。担架式喷雾机主要由机架、动力机(汽油机、柴油机或电动机)、液泵、吸水部件和喷洒部件五大部分组成,有的还配备了自动混药器。

3.自走式喷杆喷雾机

自走式喷杆喷雾机是一种将喷头装在横向喷杆或竖立喷杆上,自身可以提供驱动动力、行走动力,不需要其他设备提供动力就能完成自身工作的一种植保机械,该类喷雾机的作业效率高、喷洒质量好、喷液量分布均匀,适合大面积作业。自走式喷杆喷雾机主要由发动机、四轮同向行走系统、液压泵、药液箱、喷头、过滤器、搅拌器、喷杆桁架机构和管路控制部件等组成。按喷杆的形式,自走式喷杆喷雾机可分为横喷杆式、吊杆式和气袋式3类。按机具作业幅宽,自走式喷杆喷雾机可分为大型喷幅(18米以上)、中型喷幅(10~18米)、小型喷幅(10米以下)3类。

4.植保无人机

植保无人机是用于农业生产中植物保护作业的无人驾驶飞行器,通过地面遥控或导航飞控,实现喷雾或撒肥作业。植保无人机由动力系统、电力系统、控制系统、喷药系统、机体组成。植保无人机动力植保系统有油动和电动两类。根据机型结构,值保无人机又分为单旋翼和多旋翼两种,单旋翼植保无人机向下风场大,有力量,抗风性强。目前,多旋翼植保无人机应用最广,其特点是入门门槛低,容易操作,价格更便宜,但其下旋风场要比单旋翼植保无人机弱。

5.水田除草机

水田除草机以小型汽油机为动力源,通过直轴驱动装有除草耙齿的地轮向前滚动,清除水稻行间杂草,并疏松水田土壤,释放有害气体,促进水稻根系生长,增强稻株素质,提高稻株抗倒伏能力。利用机械进行物理除草,可减少或避免化学除草剂的施用。水田除草机机型小巧,田间

转向灵活,掉头方便,不碾压秧苗,适用于丘陵山区等水田的除草作业要求,除草率可达90%,作业行数有2行、4行、5行等,作业效率可达6亩/小时。该机型无法清除株间杂草。水田除草机及其作业效果如图1-16所示。

(a)水田除草机　　　　　　　　　　(b)作业效果

图1-16　水田除草机及其作业效果

6.水田开沟机

稻田开沟是水稻高产栽培中重要的技术环节。开沟质量的好坏,不仅关系到排水搁田效率和效果,还会进一步影响水稻根系的生长和抗倒伏能力,以及抵抗连续阴雨或高温干旱气候的能力,进而影响水稻的最终产量。采用由小型汽油机驱动的独轮水田开沟机进行稻田开沟作业,可减轻劳动强度,提高作业效率,降低生产成本,提高水稻的种植效益。独轮水田开沟机及其作业效果如图1-17所示。

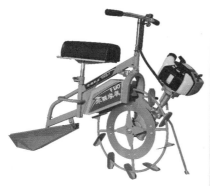

(a)独轮水田开沟机　　　　　　　　　(b)作业效果

图1-17　独轮水田开沟机及其作业效果

四 水稻收获机械化技术

(一)水稻收获机械化技术要求

水稻的收割、脱粒、分离、清选、集粮等环节总损失不应超过籽粒总收获量的 2%；收获的籽粒应清洁干净，含杂率一般要求在 2% 以下；籽粒破碎率一般不超过 1.5%，这样便于谷物贮藏、提高种子的发芽率；割茬高度越低越好，一般要求低于 15 厘米，在水稻产量较高的情况下，可采取留高茬收割，然后采用秸秆灭茬机进行秸秆粉碎及灭茬作业；秸秆切碎长度<10 厘米，并均匀抛撒。再生稻头茬收获时的留茬高度为 35~40 厘米。

(二)水稻收获机械化技术分类

当前水稻收获机械化技术包含秸秆处理环节，使用联合收获机在田间一次性完成切割、脱粒、分离、清选、集粮等工序，直接获得清洁的稻谷，并对秸秆进行适当的处理。该技术自动化程度高，劳动强度低，省时省工，生产效率高，损失率低，有利于秸秆还田或离田应用。

按谷物喂入和脱粒方式的不同，水稻收获机械化主要分为全喂入式和半喂入式两种。秸秆处理方式有成条抛撒(或铺放)于田间和切碎均匀抛撒于地表。

(三)典型机具

1.自走式半喂入联合收获机

该类机型脱粒时只有穗头喂入脱粒室，用夹持输送装置夹住茎秆，具有滚筒功率消耗小，收获的谷粒含水率低、含杂率低，收割湿秆作物效果好于全喂入收获机，水田通过性好、田块适应性好等优点。但为了保证谷粒脱净，自走式半喂入联合收获机对茎秆的整齐度要求较高，稻穗高低幅度差不能大于 25 厘米，且夹持脱粒的茎秆层不能太厚，因而限制了生产效率。收割倒伏作物时，顺向收割时作物倒伏角不超过 85°，逆向收割时作物倒伏角不超过 70°。

2.自走式全喂入联合收获机

根据行走底盘装置的不同，自走式全喂入联合收获机分为履带自走式全喂入联合收获机和轮式自走式全喂入联合收获机。履带与地面接触面积大、压强小，收获机不易下陷，水田通过性好，南方收割水稻一般都

用履带式收获机。轮式收获机移动方便,所收稻粒不需要用卡车运输,大多用于小麦和北方水稻收割。全喂入联合收获机对水稻高矮适应性强,工作效率高,是使用最广泛的收获机械。利用该类收获机收获倒伏作物时,顺向收割时作物倒伏角不超过45°,逆向收割时作物倒伏角不超过60°。

五 水稻烘干机械化技术

(一)水稻烘干技术要求

水稻烘干技术要求:早籼、籼糯含水率≤13.5%,早粳含水率≤14.0%,晚籼含水率≤14.0%,晚粳含水率≤15.5%,爆腰率增值≤3.0%,破损率增值≤0.3%,连续烘干含水率不均匀度≤1.0%,焦煳粒、爆花粒应为0,色泽、气味正常。

(二)水稻烘干机械化技术分类

常规的谷物烘干方法主要有自然烘干法、机械烘干法。机械烘干根据所采用的不同烘干温度、不同烘干介质有多种烘干加工工艺,如热风烘干、远红外烘干、微波烘干等。

目前较为成熟、应用最广的稻谷烘干技术为低温循环式热风烘干,在烘干过程中按照不同的谷物水分值采用程序控制不同的热风温度,从而控制谷物内部水分向外移动的速度,防止出现爆腰。水稻机械化烘干技术的推广应用,不仅提高了谷物品质,而且增强了人们抗自然灾害风险的能力。

(三)典型机具

1.低温热风循环式烘干机

低温热风循环式烘干机采取低温、谷物循环的方法,使被加热的空气经过谷物,把谷物表面的水分带走。加热后的谷物通过循环,输送到储留部进行缓苏,使谷物内部的水分外溢,经过反复循环加热缓苏后,最终把谷物中的水分降至谷物储藏对水分的要求。

低温热风循环式烘干机所谓的"低温",是指用于烘干稻谷的介质温度被控制在室温20~25摄氏度范围,在不同的季节或针对不同的烘干谷物,热风温度是有差别的。计算机程序控制是低温循环式烘干机的重要特征。采用先进的计算机控制技术,通过控制箱及机器所配备的室温传感器、谷温传感器、风压传感器、在线水分测定仪等设备,随时采集数据进行分析,随时调整烘干机的工作参数(热风温度、循环速度),从而可以精准地控制烘干速度和稻谷含水率的均匀性,防止在烘干过程中有减弱稻谷生命特征的现象发生,同时还可以有效地节省能源。

2.远红外谷物烘干机

远红外辐射产生的能量能够达到更均匀和快速的烘干效果。远红外谷物烘干机主要是利用波长在 0.77~1 000 微米的电磁波进行烘干,远红外电磁波的波长介于无线电波和可见光之间,其特征是具有很强的热作用效果。以远红外电波的形式传递能量,能够使粮食谷物接收到大量的震动能量,并在粮食之间产生能量的快速传递。在远红外电磁波的作用下,粮食内部因为高频振动产生大量热量,且温度快速升高,使粮食内部水分得到蒸发,脱水效果十分理想。

六 典型模式

(一)安徽省东至县水稻生产全程机械化示范区建设

2021 年,东至县入选实施主要农作物生产全程机械化示范创建项目县。自项目立项以来,东至县以实施乡村振兴战略为统领,对照全国主要农作物生产全程机械化示范县(市)评价指标体系和评价办法,以提高水稻生产全程机械化水平为重点,全力攻坚栽插、植保、烘干等全程机械化"瓶颈"环节,努力提升农机装备水平,培育、壮大农机服务主体,规范全程机械化种植模式和标准化种植体系,补短板、强弱项、促提升,着力构建上下联动、整体推进、务实高效的主要农作物生产全程机械化推进机制。

(二)示范区建设的主要措施与成效

1.主要措施

(1)创新示范模式,优化水稻生产全程机械化推广路径。规范建设示范基地,坚持以点带面、重点突破的方式,以示范基地建设为平台,在水稻主产区建立水稻生产全程机械化万亩示范片 4 个,示范面积 2 800 公顷;建立千亩核心区 10 个,示范面积 1 100 公顷。进一步探索东至县水稻生产全程机械化推广模式,通过建立水稻生产耕、种、管、收、烘全程机械

化示范点，充分发挥其示范带动作用，使示范基地成为融水稻生产技术推广、技术宣传、试验示范、新机具展示、技术培训"五位一体"的全方位发展基地，切实提高东至县水稻机械化生产能力，促进农业增产增效、农民增收。

（2）搭建服务平台，创新生产模式。以农机大户和农机专业服务组织为主体，结合土地流转承包，实行耕地集约化、规模化经营，搭建农机新技术、新机具试验示范平台，积极实行农机标准化作业生产，同时引领示范区农机专业合作社与村集体、家庭农场、粮食种植大户签订托管合同，依托农机合作社开展示范区内农作物全程机械化生产，实行区域化、规模化、标准化种植，使全程机械化技术路线清晰可行，形成可复制、可推广的生产模式。

（3）积极培育科技示范户。推动水稻等主要农作物生产全程机械化技术进村入户，以实施基层农机推广体系改革与建设补助项目为契机，以全县28个农机专业合作社为依托，按照"选好一个、带动一片、致富一方"的原则，遴选示范作用好、辐射带动强的新型经营主体带头人、水稻种植大户、乡土技术专家等作为科技示范主体。同时，组建技术指导团队，构建"专家+农技人员+示范基地+示范主体+辐射带动户"的链式推广服务模式，加快先进技术进村、入户、到田。累计培育各类农机科技示范户200多人，通过科技示范户的带动，助力水稻产业生产提质增效，促进水稻全程机械化技术得到有效示范推广。

（4）完善扶持政策，着力提升水稻生产全程机械化水平。认真执行国家、省、市、县各项支农惠农政策，细化项目整合措施，将涉农项目和资金向水稻产业和优势区域集中，通过组织实施农机示范推广、农机社会化服务、高标准农田建设、土壤有机质提升、粮食高产创建、秸秆综合利用等各类建设项目，为实现水稻生产全程机械化、规模化、效益化增添动力，切实提升示范区水稻生产全程机械化水平，确保创建工作推进有力、取得成效。

2.主要成效

通过水稻生产全程机械化示范区创建带动，促进全县耕田机械化水平达97.5%，种植机械化水平达62.3%，收获机械化水平达98.6%，耕、种、收综合机械化水平达86.1%，水稻高效植保、粮食烘干、秸秆综合处理机械化水平分别达到 67.1%、73.2%、83.4%。

（1）经济效益。传统人工育插秧成本为 2 400 元/公顷，工厂化育秧及机械插秧成本为 1 950 元/公顷，可降低生产成本 450 元/公顷。工厂化育秧杂交稻用种量为 25.5 千克/公顷，比人工每公顷多 7.5 千克，按稻种价格 38 元/千克计算，种子费用每公顷多 285 元。按示范面积万亩计算，扣除机械化育秧增加的各种费用，仅育秧插秧环节每万亩节省生产成本达 11 万元。机插秧具有宽行浅栽、插深一致、穴株距均匀的特点，与人工插秧相比，能有效保证基本苗，通风透光性好，秧苗有效分蘖多，利于实现水稻的高产、稳产。一般每公顷可增产稻谷 375 千克以上，按市场平均价 2.2 元/千克计算，平均每公顷可增加收益 825 元。通过水稻生产全程机械化技术的实施，使该县晚稻栽插面积逐年增加，不仅增加了单位有效面积的复种指数，还提高了劳动生产率和单位面积的产出率。稻谷机械化烘干技术的应用，对比减少稻谷干燥环节霉烂等综合损失，增产、增收效益更为突出。

（2）社会效益。水稻生产全程机械化，有利于促进农业生产向标准化、产业化方向发展，也促进了社会化专业服务组织的进一步发展。社会化服务组织通过为农户提供全程机械化服务，增加了自身的收入。此外，水稻生产全程机械化技术的推广应用，将彻底改变传统的劳作模式，节约了劳力，减轻了农民的劳动强度，特别是有效解决了目前农村劳动力紧张、资源缺乏的问题，提高了农民生产生活质量，农民的幸福感、获得感得到真正体现。同时，农业机械化生产的组织化、集约化、规模化程度越来越高，为农业集约化生产、规模化经营提供了技术保障，保障了粮食安全，加快了农业人口向第二、第三产业的转移，对乡村振兴起到了一定的促进作用。

（3）生态效益。水稻工厂化育秧减少了农膜的使用量，降低了白色污染。机插秧通风透光性好，减少了水稻病虫害的发生，加上机械化高效植保，使农药用量大大降低，减少了农药残留，提高了稻米品质。机械化作业可有效实现秸秆还田和综合利用，改良了土壤，减少了农作物秸秆焚烧对大气的污染，有力地保护了生态环境。

<table>
<tr><td>第二章</td><td>小麦生产全程机械化
解决方案</td></tr>
</table>

第一节 小麦种植区域分布及生产的基本情况

一 小麦种植区域分布

小麦是我国重要的主粮作物之一,常年种植面积在 24 000 000 公顷左右,总产量在 131 000 000 吨左右,平均单产 5 400 千克/公顷左右。其中,河南、山东、河北、安徽和江苏 5 个省的小麦产量占全国小麦总产量的 75%。在粮食作物中,小麦生产的机械化程度最高,基本实现了全程机械化生产。目前,我国小麦分为 5 个主产区,分别为黄淮海冬麦区,长江中下游冬麦区,东北春麦区,西北冬、春麦区,以及西南冬麦区。小麦作为安徽省第一大粮食作物,常年种植面积约 4 100 万亩,位于全国第三位,占全国小麦种植面积的 12%,在保障安徽省主要农产品基本供给和国家粮食安全方面发挥着重要作用。

二 小麦生产的基本情况

小麦生产机械化起步最早,耕种收综合机械化水平最高,安徽省小麦耕整地、播种、收获环节机械化水平也一直稳居全国平均水平之上,但同时也存在着部分环节和区域机械化水平有待提高、装备结构有待优化、机械化技术水平有待提升、农机社会化服务质量和效益有待提高等问题。

由于种植制度不同、机械配置不同和秸秆处理方式不一样,可采取适合当地的技术路线。根据安徽省种植现状,图2-1所示的前茬为玉米、大豆种植的旱茬麦生产机械化技术路线,图2-2所示的前茬为水稻种植的稻茬麦生产机械化技术路线。

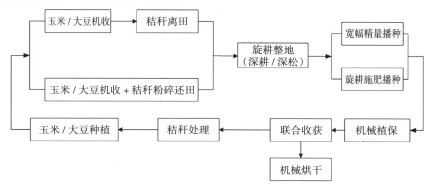

图2-1　旱茬麦生产全程机械化技术路线图

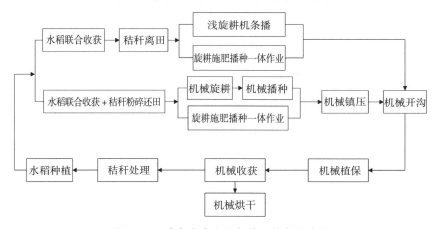

图2-2　稻茬麦生产全程机械化技术路线图

▶ 第二节　小麦生产全程机械化现状及存在的问题

小麦全程机械化生产技术是利用机械完成土壤耕整、化肥深施、小麦播种、病虫草害防治、节水灌溉、联合收获等全部生产工序的技术,如

图 2-3 所示。

耐低温、　小麦灭　管网式水　机器人热雾　籽粒低损收获　批式烘干储藏
抗倒伏、　茬旋耕　肥一体化　防控技术
适宜机　精量　技术
收的品种　播种

图2-3　小麦生产机械化流程

与其他作物生产机械化相比,小麦生产机械化处于领先水平。多年来,安徽省先后推广过深耕、深松、小麦精量播种、宽幅精量播种、免耕播种、深松分层施肥精播、分段割晒收获、联合收获等机械化技术,为持续提高小麦产量、减轻劳动强度、提高生产效率,提供了重要的技术和装备支撑。

按不同耕种方式分,目前正在推广应用的旱茬小麦生产全程机械化技术路线主要有以下 3 条:

一是深耕宽幅精量播种生产路线:前茬玉米联合收获秸秆还田→基肥撒施→旋耕灭茬→深耕→旋耕碎土 2 遍→筑畦→小麦宽幅精播→植保→追肥→节水灌溉→联合收获→籽粒干燥。

二是保护性耕作生产路线:前茬玉米联合收获秸秆还田→土壤深松→小麦免耕施肥播种→植保→节水灌溉→追肥→联合收获→籽粒干燥。

三是深松精播生产路线:前茬玉米联合收获秸秆还田→小麦深松分层施肥精播→节水灌溉→无人机植保及叶面追肥→联合收获→籽粒干燥。

一）小麦生产全程机械化发展现状

2022 年,安徽省农业农村厅发布的《安徽省"十四五"农业机械化发展规划》中关于加快实施全程全面机械化推进行动,重点指出提升农机装备的信息化、智能化水平。小麦生产全程机械化继续平稳推进,已基本

实现小麦生产全程机械化,但农业机械化水平仍需提升。具体如下:

(一)小麦播前耕整措施逐步优化,整地质量明显提高

改变长期单一使用旋耕作业的整地方式,推广保护性耕作、秸秆还田、深松等综合土壤整备技术,解决了"耕层变浅、犁底层厚"等问题,改善了耕层土壤结构,增强了土壤入渗性能,提高了土壤保水保肥能力,使土壤耕层地力有所回升,促进了小麦增产、增收。因此,应研发推广联合整地作业机械,不断提升小麦整地质量。图2-4为播种前耕整地。

图2-4　播种前耕整地

(二)小麦少免耕播种技术得到进一步提升

小麦机械化播种仍以条播为主,科技工作者应重点围绕作物秸秆还田条件下高质量种植,以及小麦精量播种、化肥深施减施等方面展开大量的研究,长江流域稻麦轮作区高湿、大秸秆量还田条件下的小麦少免耕高效播种技术有所突破;安徽淮北平原麦玉、麦豆两熟区大秸秆量覆盖还田条件下的小麦少免耕播种技术得到逐步提升。图2-5、图2-6分别为免耕播种机及其实地播种效果。

图2-5　免耕播种机

图2-6　免耕播种机实地播种效果

（三）小麦机收由高速增长向高质量增长转变

小麦机械化收获率屡创新高，发展方式已由高速发展转为高质量发展，未来发展方向为高效率、低含杂率、低破碎率的智能化收获机械。研发推广作业效率高、适应性强，可实现一机多用的联合收获机技术，进一步提高联合收获机的可靠性。

（四）烘干设备发展较慢，制约小麦品质提高

稻麦轮作区烘干机械装备需求保持旺盛，而淮北平原麦玉轮作区烘干设备应用程度仍然较低。整体上，小麦机械化烘干等产后加工处理环节仍较薄弱，需进一步提升。未来推进符合产地区域特点的烘干技术及装备应用，增加热源可选择性，降低生产成本及能耗，实现小麦不落地收获。

二 存在的问题及应对措施

（一）联合复式耕整作业质量有待提升

联合复式耕整作业质量有待进一步提高，近些年我国小麦机械化耕整作业趋于稳定，但距绿色高产高效联合耕整作业的要求还存在一定的差距。以秸秆高效处理和地力培育为基础，稳步提升小麦耕整地技术。

进一步推动深松作业，围绕土壤耕层构建、秸秆粉碎还田和少免耕播种，加大秸秆粉碎与均匀抛撒、土壤耕整联合作业技术研发与示范推广工作。根据不同小麦主产区的气候特点和机械作业要求，集成创新不同类型地区耕整地技术模式与装备（秸秆粉碎混埋还田、秸秆粉碎旋耕还田、秸秆覆盖免耕还田等）；根据区域需求，在秸秆量大且腐烂慢的地区，适当推广秸秆催腐技术，提高小麦播前土地的耕整质量。

（二）少免耕播种质量有待提升

秸秆还田条件下，小麦少免耕播种质量有待提升，仍需进一步加强。随着秸秆还田的大面积推广应用，由于秸秆还田量大、抛撒不均，造成后续小麦播种时，秸秆架空种子，导致晾种率高，播种质量难以保证，严重影响了小麦少免耕播种技术的推广。

加大稻麦、麦玉轮作区小麦少免耕播种技术研究，提升播种质量。麦玉轮作区重点围绕智能导航、秸秆防堵、种带清理、深施肥与精量播种技

术开展研究,提升机具生产加工工艺,推动小麦少免耕播种技术与配套机具的推广应用。

(三)烘干设备配套数量有待增加

小麦烘干设备配套数量无法满足需求。小麦机械化收获水平高,大面积集中高效收获后,后续烘干环节装备配套不足,自然晾晒缺场地、缺劳力、缺晴天,易导致小麦霉变,品质下降,亟须政府部门给予相关政策扶持,鼓励规模化合作社购置相关配套烘干设备。

重点推进产地烘干技术应用。机械化干燥需大力发展符合产地区域特点的技术装备,增加热源可选择性,降低生产成本及能耗,政府部门应提高机械化烘干作业的补贴力度,鼓励发展大中型农业合作社,加快推进机械化干燥技术的推广应用。

(四)稻茬麦播种技术有待提升

稻麦区小麦播种技术仍为短板。我国南方稻麦轮作区降雨充沛、土壤质地黏重且播种阶段土壤含水量大,与北方小麦生产环境显著不同,作业中机具易产生黏附堵塞,存在机械化生产作业难、功耗高和效率低等问题。应重点推进黏湿土壤条件下的小麦机械化生产技术研究,形成适合区域特点的小麦少免耕播种技术与装备,提高播种质量。

(五)科学轮作措施有待加强

科学轮作措施亟须研究。小麦生产全程机械化程度较高,但与轮作作物的衔接还有改进潜力,需要发展小麦与玉米、水稻、大豆、花生、棉花等作物轮作的机械化模式,以推动农业资源综合利用效率的提升。

推进小麦高产、高效、可持续生产技术模式研究。开展小麦与前后茬作物在播种机具、耕作方式、衔接时间等方面的适应性研究,探讨有利于前后作业协调发展的机械化生产模式,实现高效、可持续的小麦生产全程机械化。

(六)山地、丘陵地区种植农机化

山地、丘陵道路条件差、地块狭小、零碎分散且有坡度,仅发展微小型农业机械,种植收益低下,难以提高综合机械化水平,"省工不节本,增效不增产"的现象在粮食生产中屡有发生。

加强研究和规划,引领丘陵山地区域小麦生产机械化高产、高效、快速发展。开展农业机械化宏观战略研究,加强农机农艺融合研究,强化科

技的引领作用,提升科技支撑能力,形成适合丘陵山地区域特点的小麦生产全程机械化装备与技术模式,并针对不同地域特点进行集成推广。

▶ 第三节 小麦生产全程机械化解决方案及典型模式

一 小麦生产全程机械化解决方案

(一)耕整地机械化技术

小麦耕整地机械化技术是使用耕整地机械疏松土壤,改善土壤结构,为小麦生长创造良好条件的技术。目前淮北旱茬麦种植地区应用广泛的耕整地方式为旋耕整地,2~3年进行深翻整地或深松整地1次的作业模式。淮河以南稻茬麦地区,水稻秸秆粉碎全量还田条件下采用旋耕整地的方式;水稻秸秆机械化打捆条件下,一般直接采用浅旋耕机条播或旋耕施肥播种的方式。

1.旋耕作业

使用与大中型拖拉机相配套的旋耕机进行耕地作业,如图2-7、图2-8所示。前茬作物秸秆还田条件下,为满足播种、秸秆埋茬率达到70%的要求,需要二次旋耕作业,有条件的地方可采取反转灭茬旋耕机进行一次反转灭茬旋耕作业。前茬作物秸秆离田后,可以直接开展旋耕施肥播种作业。

图2-7 旋耕机　　　　　　图2-8 牵引配套旋耕机

2.深耕作业

使用与大中型拖拉机相配套的悬挂或液压翻转犁等铧式犁进行深耕作业,如图 2-9 所示。深耕作业后,要及时使用拖拉机配套圆盘耙、旋耕机、钉齿耙等机具整地作业 2~3 遍,耙透耙实。犁耕深翻是农业生产中经常运用的一种对土壤进行耕作的技术措施,能加深耕作层,疏松和熟化土壤,使耕层厚而疏松,增强土壤的透气性,提高土壤中的有效养分和含水量,促进后茬作物的根系发育,增加根系吸收营养范围,提高产量;同时,实施犁耕深翻能深埋杂草草籽和虫卵,减少来年杂草量和虫害的发生率。

图2-9 铧式犁深耕机

3.深松作业

使用大型拖拉机配套深松机械(图 2-10)在不翻土、不打乱土层结构的情况下,疏松土壤,打破犁底层。深松作业可以加深耕作层,降低土壤容重,改善土壤的通透性,提高土壤蓄水保墒能力,有利于作物生长发育和增加作物产量。深松作业后,需使用旋耕机再对土壤进行整地作业。

图2-10 深松机

4.深松作业监控系统

农机深松作业监控系统通过传感器技术、计算机测控技术、卫星定位技术和无线通信技术的综合应用,实现对深松作业的实时监控、数据分析,以及对深松机作业质量、作业轨迹和作业面积的准确检测及各项数据的统计,如图2-11所示。

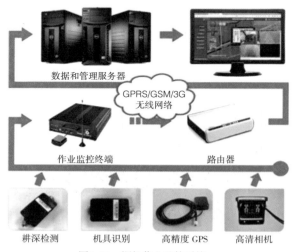

数据和管理服务器

GPRS/GSM/3G 无线网络

作业监控终端　　　　　路由器

耕深检测　　机具识别　　高精度 GPS　　高清相机

图2-11　深松作业监控系统

(二)技术要点

1.耕整地前秸秆处理

前茬作物(玉米、大豆、水稻)利用机械收获时,需要在联合收获机上安装秸秆粉碎抛撒装置,且秸秆粉碎长度≤10厘米,粉碎长度合格率≥85%,秸秆抛撒均匀,秸秆留茬高度不超过15厘米;因机械收获路线导致田块边角的秸秆较多时,应人工辅助抛撒。

根据产量目标和土壤测土配方确定肥料运筹。秸秆粉碎全量还田条件下,增施氮肥以调节碳、氮比加速秸秆腐烂,避免秸秆腐烂造成生物夺氮。通常按照每100千克秸秆增施尿素1千克标准增施。

2.耕整地作业

(1)旋耕作业。根据田块地形、土壤等条件,合理选择作业路线;斜坡地块耕作方向应与坡向垂直,尽可能水平耕作;前茬作物收获后应适时灭茬,在宜耕期(土壤绝对含水率在15%~25%)内进行耕整作业。稻茬麦在墒情适宜后立即播种,防止跑墒;旋耕耕深一般为15厘米左右,耕幅一致,耕地到边到角,无漏耕、重耕现象,地头整齐。耕深稳定性在85%以上,秸秆覆盖率在70%以上,碎土率为50%,耕后地表平整度不超过5厘米;旱茬麦地区小麦旋耕作业连续2~3年后应进行深耕、深松作业1次。

（2）深耕作业。适宜进行深耕作业的土壤含水率为18%~25%;耕翻时间最好在前茬收获后立即进行,这样可及时将秸秆和杂草翻入土中,减少来年的病虫害和杂草繁殖,促进土层熟化;深耕作业的耕深要根据当地实际,一般要在25厘米以上,要保持翻深稳定性和作物秸秆翻埋效果。实际耕幅与犁耕幅一致,避免漏耕、重耕。对于犁底层较浅的地块,耕深要逐年增加,切忌将心土层的生土翻入耕层;作业质量应做到耕深基本一致,稳定性>85%;耕后地表平整,犁底平稳开墒无生埂,翻垡碎土好,立垡、回垡率<5%,碎土率>80%,秸秆覆盖率≥80%;耕翻作业后,要及时使用圆盘耙、旋耕机、钉齿耙进行整地作业,耙透、耙实、耙平,使土地达到播种作业要求。耙地应先重耙破碎垡片,后轻耙平地,重耙耙深15~20厘米,轻耙耙深10~15厘米,耙地时相邻两行间应有10~20厘米的重叠量。

（3）深松作业。适宜深松作业的土壤含水率为15%~22%。土壤含水量过大或过小,作业质量均较差,容易出现大的深松沟,以及大的土块、泥条等,且由于作业阻力大而影响作业效率;深松作业的深度要根据当地实际,以打破犁底层为标准,一般要在25厘米以上,但通常不能超过40厘米;作业质量应做到深度基本一致,稳定性>85%;深松后地表平整;对深松后的土壤需要进行旋耕、镇压作业,以形成上实下虚的土体结构,满足播种要求。

（二）小麦播种机械化技术

淮河以北旱茬麦地区主要推广小麦宽幅精量播种技术和小麦旋耕施肥播种复式作业技术。稻茬麦地区主要推广浅旋耕机条播技术、旋耕施肥播种复式作业技术,针对稻茬麦生产遇到秋季阴雨天气、土壤墒情较差播种难的问题,江淮和沿淮流域探索的稻茬麦高畦降渍复式播种作业技术取得了较好的应用效果。涝渍灾害是沿淮稻茬麦生育过程中最主要的生理障碍,为了降低小麦涝渍灾害,稻茬麦地区播种完成后需要进行机械开沟,以达到降低涝渍害的目的。

（一）播种机械化技术

1.小麦宽幅精量播种技术

小麦宽幅精量播种技术指采用大中型拖拉机配套小麦宽幅精量播种机一次性完成施肥、播种、镇压等全部工序,可用于前茬玉米、大豆秸秆粉碎还田条件下小麦的播种作业和前茬作物秸秆离田条件下的小麦播种作业,如图 2-12 所示。此种播种技术,改传统小行距(18~20 厘米)密集条播为大行距(22~25 厘米)宽幅播种;改传统密集条播(籽粒拥挤在一条线上)为宽播幅(8~10 厘米,种子分散式粒播),有利于种子分布均匀,减少缺苗断垄、疙瘩苗现象;克服了传统播种机密集条播、籽粒拥挤、导致争肥、争水、争营养,根少、苗弱的状况,对小麦生长前期促根苗生长、中期壮秆促成穗、后期抗倒伏有较为显著的效果。

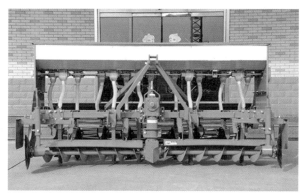

图2-12　小麦宽幅精量播种机

2.小麦旋耕施肥播种复式作业技术

小麦旋耕施肥播种复式作业技术指使用大中型拖拉机配套旋耕施肥播种复式作业机具一次性完成旋耕、施肥、播种、覆土、镇压等多项作业,可用于前茬玉米、大豆及水稻秸秆粉碎还田条件下小麦的播种作业和秸秆离田下的小麦播种作业,如图 2-13 所示。旋耕施肥播种机是在谷物条播机上加设肥料箱、排肥装置,实现在播种的同时施肥,旋耕播种后的地表平整、播种均匀、播深一致。这种播种技术还具有减少水土流失、解决秸秆焚烧和保护生态环境、节本增效等作用,逐步成为我国旱作农作物播种和实施保护性耕作的主流技术。

图2-13 旋耕施肥播种机

3.稻茬麦浅旋耕机条播技术

稻茬麦浅旋耕条播机械化技术是使用 12 马力以上的手扶拖拉机配套稻麦条播机在稻茬地上一次性完成旋耕灭茬、碎土、播种、盖籽、镇压等多道工序，可以达到提高整地和播种质量、适期适墒早播、播种一致、下种均匀等效果，能较好地解决稻茬麦"三籽（露籽、深籽、重籽）"问题，有利于稻茬麦壮苗和田间管理。图 2-14 为小麦浅旋耕机在田间进行条播作业。

图2-14 小麦浅旋耕机在田间进行条播作业

4.稻茬麦高畦降渍复式播种作业技术

在稻茬麦生产遇到持续阴雨天气、土壤墒情较差的情况下，采用与大型拖拉机配套的旋耕施肥播种机进行高畦降渍复式播种作业，如图

2-15 所示,能一次性完成旋耕、埋茬、施肥、作畦、播种工序。这种旋耕施肥播种机作业的最大特点是高畦降渍机械化作业完成后田间自然形成畦高 20~25 厘米、畦面宽 170~200 厘米、畦沟宽 25 厘米左右的一条高畦,且畦面高出原田平面 2~3 厘米,有效解决了稻茬小麦因持续阴雨、田间湿烂导致适期播种难、麦田涝渍害严重的生产难题。

图2-15 高畦降渍旋耕施肥播种机

5.机械开沟配套技术

用开沟机在播种后的田块开墒沟、腰沟、围沟,做到沟沟相通,排灌通畅,避免涝渍害发生。图 2-16 为双圆盘开沟机。一般要求开沟深度:墒沟 20 厘米,腰沟 25 厘米,围沟 35 厘米,间隔 3~4 米,开沟时将沟里的泥土均匀地覆盖在播种过小麦的土层上,沟内要求沟底平展、沟壁坚实。

图2-16 双圆盘开沟机

6.农机作业精细化管理系统

农机作业精细化管理系统是基于北斗导航的农机信息化管理平台，通过对农机作业轨迹数据进行分析处理，能够自动识别定位作业地块、实时监控农机作业情况、计算作业面积及实现农机调度的功能。其主要由农机车载高精度定位测亩一体机、高清摄像头、农机信息化管理平台、手机 App、短信平台五部分软硬件组成。通过系统平台为机械化播种、插秧、植保、收割、翻耕、秸秆还田等农机作业，提供作业数据采集、自动化处理、统计分析、精细化管理等服务。图 2-17 为基于北斗导航的无人驾驶田间作业示意图。

图2-17　北斗导航无人驾驶田间作业

(二)技术要点

1.小麦宽幅精量播种技术

（1）前茬秸秆处理。前茬作物大豆、玉米收获时，联合收获机加装秸秆切碎装置，把秸秆粉碎均匀抛撒，再及时进行耕翻，并随耕随耙，保住底墒。要求秸秆粉碎长度（玉米、大豆）≤10 厘米，粉碎长度合格率≥85%，秸秆抛撒均匀，秸秆留茬高度不超过 10 厘米。

（2）施基肥。在播种作业前，根据土壤测土配方需要，合理均匀施基肥。亩产 550 千克的产量水平，全生育期施纯氮 16~18 千克/亩、磷（P_2O_5）5~6 千克/亩、钾（K_2O）6~8 千克/亩和硫酸锌 1 千克/亩。有机肥、磷、钾肥及锌肥一次性全部用作基肥；氮肥的 50%~60%用作基肥，40%~50%用作追肥。提倡使用有机肥，若使用了有机肥，可酌情减少化肥用量。基肥可旋耕深施或播种时一起施入。秸秆还田田块需要增施适量的氮

肥,一般亩增施氮肥 5 千克。

(3)选种和包衣。选用适合当地种植的分蘖能力强、穗大、籽粒饱满、产量高、杂质少、发芽率高的优良品种。建议种子播前包衣,以提高种子发芽、抗病能力。

(4)确定播种量。在适宜播期内,半冬性品种播 8~10 千克/亩,春性品种播10~12.5 千克/亩。播期推迟,播种量适当增加,每推迟 3 天则每亩播种量增加0.5 千克;播期提前,播种量减少,每提前 3 天则播种量每亩减少 0.5 千克。

(5)确定播种期。温度和土壤墒情是决定小麦播种期的主要因素。小麦从播种至越冬开始,0 摄氏度以上积温 570~650 摄氏度为宜。小麦播种时耕层的适宜墒情为土壤相对含水率的 70%~75%。在适宜墒情的条件下播种,能保证一次全苗,使种子根和次生根及时长出,并下扎到深层土壤中,以提高小麦苞期抗旱能力。因此,要做到足墒下种,确保一播全苗。底墒不足时,要造墒播种,不可为赶墒增加播种深度,造成弱苗。淮北中部地区弱冬性品种的适宜播期为 10 月 5 日—15 日, 半冬性品种的适宜播期为 10 月 10 日—20 日,淮北北部和南部地区相应提前或推迟 3~5 天。

(6)机具作业。在播种作业前,应对播种机进行全面细致的技术检查调整,使播种机各装置连接牢固,转动部件灵活、可靠,润滑状况良好。根据技术要求调整好播种量,并根据田块规划好作业路线, 田头应留有 1 个播幅宽度最后播。播种作业时速为 2 挡速较为适宜。播种速度是保证播种质量的重要环节,速度过快易造成排种不匀、播量不准、行幅过宽、行垄过高等问题。机具匀速前进,中途不宜停车,地头转弯前后应注意起落线,起落要及时准确,作业时机具不应倒退。

(7)质量要求。一般播种深度为 3~5 厘米,等行距(22~25 厘米)宽幅播种,宽播幅(8~10 厘米)种子分散式粒播,播量适宜。应保证下种均匀、深浅一致、行距一致、不漏播、不重播。

(8)播后镇压。小麦播后镇压是提高小麦苗期抗旱能力和出苗质量的有效措施,镇压可以增加土壤的紧密程度,使下层水分上升,利于种子发芽出苗。要选用带镇压装置的小麦播种机械,在小麦播种时随种随压,然后,在小麦播种后用专门的镇压器镇压两遍,以提高镇压效果。尤其是对于秸秆还田地块,一定要在小麦播种后用镇压器多镇压几次,保证小麦出苗后根系正常生长,提高其抗旱抗寒、抗冻能力。

2.小麦旋耕施肥播种复式作业技术

(1)前茬秸秆处理。要求秸秆粉碎长度(水稻、玉米、大豆)≤10厘米,粉碎长度合格率≥85%,秸秆抛撒均匀,秸秆留茬高度不超过15厘米。

(2)施基肥。稻茬麦地区亩产400千克的目标产量水平,全生育期施每亩纯氮10~13千克、磷(P_2O_5)5~6千克、钾(K_2O)4~6千克、硫酸锌1~1.5千克,有机肥、磷、钾肥及锌肥一次性全部用作基肥;氮肥的60%用作做基肥、40%用作追肥。基肥可旋耕深施或播种时一起施入,秸秆还田田块需要增施适量的氮肥,一般亩增施氮肥5千克。

(3)选种和包衣。根据腾茬早、晚,选择适宜品种,早茬选用半冬性品种,晚茬选用春性品种。选用适合当地种植的分蘖能力强、穗大、籽粒饱满、产量高、杂质少、发芽率高的优良品种。建议种子播前用种衣剂对种子进行包衣处理,以提高种子发芽、抗病能力。

(4)确定播种期。根据品种特性、土壤墒情确定小麦播期。淮北地区适宜播期详见小麦宽幅精量播种技术;沿淮地区半冬性品种于10月上中旬播种,晚茬春性品种于10月下旬播种;江淮地区半冬性品种的适宜播期为10月中旬,春性品种为10月下旬至11月上旬。

(5)确定播种量。在适宜播期内,半冬性品种为8~10千克/亩,春性品种为10~12.5千克/亩。播期推迟,播种量适当增加,每推迟3天则每亩播种量增加0.5千克;播期提前,播种量减少,每提前3天则播种量每亩减少0.5千克。

(6)播种作业。详见小麦宽幅精量播种技术。

(7)质量要求。一般播种深度为3~5厘米,水分不足时加深至4~5厘米,沙壤土可稍深,但不宜超过6厘米。侧位深施的种肥应施在种子侧下方2.5~4厘米处,肥带宽度>3厘米。正位深施的种肥应施在种床的正下方,肥与种之间的隔离层应>3厘米,肥带宽度略大于播幅宽度。播种行距为20~23厘米,播种粒距应均匀,无断条、漏播、重播现象。

(8)播后镇压。详见小麦宽幅精量播种技术。

(9)及时开沟。稻茬麦播种作业后应及时采用机械化开沟。推荐使用圆盘开沟机作业,开沟深度一般为20~30厘米,沟宽为20~16厘米,墒宽2.5~3米,要求做到沟沟相通、三沟配套,横沟与田外沟渠相通,开沟土均

匀抛撒在墒面。沟直墒平,两头的横沟要比竖沟略深一些,这样有利于排水。

3.稻茬麦浅旋耕机条播技术

(1)前茬秸秆处理。水稻秸秆离田后的小麦播种作业:在前茬作物水稻联合收获机收获后,用秸秆打捆机具将秸秆打捆离田。做到留茬高度不超过 20 厘米且田面基本无残茬,以利于提高播种质量。

(2)施基肥。详见小麦旋耕施肥播种复式作业技术。

(3)选种和包衣。详见小麦旋耕施肥播种复式作业技术。

(4)确定播种期。根据品种特性、土壤墒情确定小麦播期。适于在土壤含水率为 20%~30%的各种稻茬地作业。沿淮地区半冬性品种的适宜播期为 10 月上旬,晚茬春性品种的适宜播期为 10 月下旬;江淮地区半冬性品种的适宜播期为 10 月中旬,春性品种的适宜播期为 10 月下旬至 11 月上旬。

(5)确定播种量。在适宜播期内,半冬性品种为 10~12 千克/亩,春性品种为12~15 千克/亩。播期推迟,播种量适当增加,每推迟 3 天则每亩播种量增加0.5 千克;播期提前,播种量减少,每提前 3 天则每亩播种量减少 0.5 千克。

(6)播种作业。在播种作业前,应对稻麦条播机进行全面细致的技术检查调整,使播种机各装置连接牢固,转动部件灵活、可靠,润滑状况良好。根据技术要求调整好播种量,根据田块规划好作业路线,田头应留有 1 个播幅宽度放在最后播。机具匀速前进,中途不宜停车,地头转弯前后应注意起落线,起落要及时准确,作业时机具不应倒退。

(7)质量要求。一般浅旋耕深度为 5~8 厘米,播种深度为 3~5 厘米,播种行距为 18~20 厘米。对土壤板结、墒情不足的稻茬地,应造墒后播种。

(8)及时开沟。详见小麦旋耕施肥播种复式作业技术。

4.小麦高畦降渍复式播种作业技术

(1)造墒作业。本技术适合墒情积水田块,田内积水过少时,需要补水造墒,田面水深 3~5 厘米。在播种作业前,因收割水稻造成压痕较重的田块,需要旋耕平整。

(2)施基肥、选种和包衣、确定播种期和播种量、播种作业等参照旋耕施肥播种作业。播种作业前要进行试作业,检查沟深、畦高是否符合要求,调整好后再大田作业。工作中应时刻注意后面的镇压轮是否正常运转,确保排种、施肥动力正常连接,同时注意排种器、输种器和肥料箱的下种、下肥情况,并及时清除杂物和补充种子、肥料。播种完成后,应及时清理、疏通墒沟,放净田块积水,以防止种子在水中浸泡时间过长造成烂种。

三 小麦植保机械化技术

(一)技术简介

小麦植保机械化技术主要是指利用植保机械进行除草、病虫害防治,根据小麦生产不同时期、生产效率和药剂品种等选择合适的植保机械。麦田禾本科杂草主要有野燕麦、看麦娘、早熟禾、罔草等,阔叶杂草主要有牛繁缕、野老灌、播娘蒿、荠菜等。小麦的主要病虫害有纹枯病、赤霉病、白粉病、梭条花叶病及红蜘蛛害、蚜虫害等,应根据植保部门病虫害预报及时防治。

(二)技术要点

1.合理选择药械

小麦生产全程的除草、病虫害防治,都可以使用机动式喷雾机,如图2-18所示。

在小麦前期除草和病虫害防治时,可选用自走式喷杆喷雾机(图2-19),其工作效率高、防治效果较好;因药剂影响和小麦除草需要的水量较大,小麦前期除草,慎用遥控植保飞行器。小麦拔节后,田块条件差的建议慎用自走式喷杆喷雾机。

图2-18　背负式机动式喷雾机　　　图2-19　自走式喷杆喷雾机

中后期的小麦病虫害防治,可选用遥控植保无人机(图2-20),以提高防治效率和生产安全性。

图2-20　植保无人机

四　小麦收获及秸秆处理机械化技术

（一）技术简介

小麦收获及秸秆处理机械化技术是指小麦完熟期利用联合收获机对其收获及秸秆处理，包括收割、脱粒、清选、集粮及秸秆处理等作业。可选用轮式自走全喂入联合收获机、履带式自走全喂入联合收获机，根据秸秆处理需要，可以在收获机上安装秸秆粉碎装置。在墒情较差的情况下，建议使用履带式自走全喂入联合收获机。

1.小麦联合收获后秸秆粉碎还田

带秸秆切碎和抛撒功能的小麦联合收获机，如图 2-21、图 2-22 所示，在小麦联合收获机出草口处安装有秸秆切碎抛撒装置，采用该收获机可进行限茬收割小麦，对秸秆直接切碎，并均匀抛撒。

图2-21　轮式全喂入联合收获机

图2-22　履带式全喂入联合收获机

2.小麦联合收获后秸秆打捆离田

小麦联合收获机不加装秸秆粉碎装置限茬收割，收获后使用拖拉机配套秸秆打捆机械将小麦秸秆打捆后离田。图2-23、图2-24为秸秆打捆机及其田间作业示意图。

图2-23　秸秆打捆机

图2-24　秸秆打捆作业

(二)技术要点

1.小麦联合收获 + 秸秆粉碎还田

（1）作业条件。当小麦处于完熟期时，地块中应基本无自然落粒，作物不倒伏、地表无积水，小麦籽粒含水率为10%~20%。植株茎秆全部为黄色，叶片枯黄，茎秆尚有弹性，茎秆含水率为20%~30%，小麦茎秆高度为65~120厘米。选择加装有秸秆粉碎装置的小麦联合收获机具；田间作业时，一般从田块右边进入，沿逆时针方向收割。收割时要尽量少转弯、倒车，以提高机具的工作效率；当收割作业到地头准备转向时，要保持中大油门，使输送和脱粒部件中的作物基本排出后，再小油门转向，防止堵塞；在低产、矮秆和田块较干时可选用高速作业；在高产、高秆和烂田块时宜选用低速作业。图2-25为小麦秸秆粉碎装置。

（2）作业质量。联合收获作业质量：损失率≤2.0%，破碎率≤2.0%，含杂率≤2.0%，割茬高度一致、无漏割，地头、地边处理合格，最佳割幅以割台宽度的90%为宜。秸秆还田作业质量：割茬高度≤15.0厘米，小麦秸秆切碎长度≤10.0厘米，切断长度合格率≥95.0%，抛撒不均匀率≤20.0%，漏切率≤1.5%。

图2-25　小麦秸秆粉碎装置

2.小麦联合收获 + 秸秆打捆离田

（1）联合收获作业条件、田间作业要求同上。

（2）打捆机作业条件。秸秆含水率为 10%~30%；秸秆长度为 20~1 400 毫米；打捆机的作业速度一般应在 5~12 千米/小时；根据秸秆量大小调整拖拉机的前进速度，秸秆量大适当降低速度，秸秆量小适当提高速度，同时降低动力输出轴转速；捡拾器弹齿齿端离地高度 50 毫米比较合适。

（3）作业质量。联合收获作业质量：损失率≤2.0%，破碎率≤2.0%，含杂率≤2.0%，割茬高度一致、无漏割，地头、地边处理合格，最佳割幅为割台宽度的 90%。秸秆打捆作业质量：成捆率≥95.0%，草捆密度≥100.0%，草捆抗摔率≥92.0%，规则草捆率≥95.0%。

五　小麦烘干机械化技术

（一）技术简介

谷物烘干机械化技术是以机械为主要手段，采用相应的工艺和技术措施，人为地控制温度、湿度等因素，在不损害粮食品质的前提下，降低粮食中的含水量，使其达到国家安全贮存标准的干燥技术。谷物干燥一般是通过干燥介质不断带走谷物表面的水分。

谷物机械烘干装备的形式有很多，而机械烘干根据所采用的不同烘干温度、不同的烘干介质分成不同的烘干加工工艺，如热风烘干、远红外烘干、太阳能烘干；按作业方式可分为批量作业式、连续作业式、循环作业式;按干燥室结构可分为平床式、圆筒式、柱式、塔式、转筒式等;按物料与气流的方向可分为横流式、顺流式、逆流式、混流式。

目前,小麦机械化烘干一般采用批式循环烘干技术和连续式粮食烘干技术。

(二)技术要点

1.批式循环烘干机作业

(1)试运转。新安装的烘干机或烘干机作业前,都应进行烘干机试运转,以检查各部分的运转是否正常,如发现故障应立即停机维修、调整。

(2)设定试运转时间。根据烘干机的状况(新旧程度、停机时日)选择试运转的时间,一般不少于10分钟。

(3)设定试运转的热风温度。温度控制系统可在0~60摄氏度范围设定工作温度,一般高于环境温度5摄氏度。

(4)启动操作。设定好相关工作状态后,启动烘干机运行工作。图2-26、图2-27分别为批式循环式烘干机和连续式粮食烘干机。

图2-26 批式循环式烘干机　　　　图2-27 连续式粮食烘干机

(5)小麦准备。烘干作业前,需要对小麦进行粗筛,去除小麦中的秸秆等杂物,以避免流动性差引起干燥不均。

(6)进料。小麦不能装太满,否则小麦容易堵塞上搅龙,产生机械故障。小麦的比重是稻谷的1.2倍,应该按规定的批次处理量装料,不能像装稻谷一样装满,否则容易引起"涨库",导致机械损坏;提升机未启动之前不要打开进料斗闸门装料,否则开机后会造成提升机下部堵塞;若是使用没有安装满粮报警器的烘干机,在装料时应有人注意观察烘干机的

观察窗,防止进料过满发生堵塞。

(7)干燥热风温度设定。室温为25~30摄氏度时,一般设定小麦干燥热风温度不高于50摄氏度,最高不高于60摄氏度。干燥热风温度的设定可根据小麦品种和用户对干燥后的小麦品质要求不同,适当偏离推荐的热风温度,以便加快干燥速度。当小麦水分高于25%时,可采用高温(约60摄氏度)干燥;当水分降到18%时,再进行正常烘干;当烘干小麦水分降到接近标准值时(13.5%),宜采取冷风通风干燥,燃烧器不工作(不供热风),烘干机的上搅龙、提升机、下搅龙、排风机、除尘机和排粮轮继续运转,烘干机进入通风循环冷却状态。

2.连续式粮食烘干机作业

(1)烘干作业前,将烘干模式调整为小麦烘干模式。

(2)按照小麦烘干作业模式调整烘干温度,使用顺(逆)流式粮食烘干机进行小麦烘干的最高热风温度为130摄氏度,使用混流式粮食烘干机进行小麦烘干的最高热风温度为80摄氏度;正式烘干作业前,必须进行预烘干调试,调试完全合格后方可进行正式作业。

(3)使用连续式烘干机进行小麦烘干作业,质量应符合以下要求:降水率≤5.0%时干燥不均匀度≤1.0%,5.0%<降水率≤10.0%时干燥不均匀度≤1.5%,降水率>10.0%时干燥不均匀度≤2.0%;小麦发芽率≥80.0%;小麦破碎率增加值≤0.3%;小麦湿面筋降低值为0。

（六）小麦生产全程机械化典型模式

针对麦-玉两熟制周年轮作机械化薄弱环节,以发展全程机械化装备为支撑,以农机社会化服务为途径,重点解决小麦、玉米轮作环节期间的机械化发展不平衡问题,加快补齐全程机械化生产耕整地、播种、植保、收获、烘干和秸秆处理等主要环节短板,形成安徽省麦-玉两熟制周年轮作全程机械化技术体系,以推动冬小麦、夏玉米生产方式变革,提升产业竞争力。安徽省阜阳市太和县的徐淙祥通过家庭式农场模式管理,开展绿色种植的张槐村千亩连片粮食作物,经国家科技部专家组和安徽省农业农村厅专家组进行现场实产验收,小麦平均亩产超过600千克,高产田块平均亩产760.9千克;夏玉米平均亩产超过750千克,高产田块平均亩产1 066.89千克;夏大豆平均亩产超180千克,高产田块平均亩产达317.5千克,引领了太和县、安徽省乃至全国黄淮地区绿色生态高效农业的科学可持续发展。

(一)冬小麦机械化轻简化高效播种技术

玉米低茬(留茬高度≤20厘米)收获且选用籽粒联合收获机配套秸秆粉碎抛撒装置进行玉米秸秆粉碎、抛撒还田,要求粉碎后85%以上的秸秆长度≤10厘米,且抛撒均匀;采用灭茬、旋耕、施肥、播种、覆土、镇压联合复式机具进行播种,其中复式播种机苗床整备装备采用双刀辊灭茬、旋耕、整地作业,确保种床平整且地表无过量残茬;同时,种肥同播作业时,利用旋耕刀辊将肥料、土壤、秸秆均匀混合;每隔2~3年,土壤深耕埋茬或深松一次,打破犁底层(深耕20~25厘米,深松30~35厘米),增加耕层厚度,改善土壤蓄水保肥能力。根据不同品种的特性、墒情、播期和地力水平确定播种量,严格控制基本苗。结合不同的土壤地力确定不同的播种量,对于高产田一般机械化播种量控制在每亩6~8千克;中等肥力的种植地一般每亩机械化播种量控制在9~10千克;肥力较差的种植地,一般每亩机械化播种量控制在12千克。条播行距为10~15厘米,播深控制在3~5厘米,基本苗以15万~20万株为宜。迟于当地适播期,每推迟1天播种,播种量每亩应增加0.5千克,但最大基本苗以不超过所选用品种适宜亩穗数的80%为宜。

(二)冬小麦机械化高效田间管理技术

因苗分类管理,越冬期前选用高地隙喷杆喷雾机喷施药液,以化学除草、培育壮苗为重点;播种后若遇干旱和墒情不适,基于物联网支持下的小麦水肥一体化智慧灌溉技术,可根据土壤墒情、小麦生长特征信息等智能化灌出苗水,催促小麦及时出苗。拔节期若遇持续干旱应及时灌水;灌浆期若遇持续干旱和高温天气,也应及时灌水。小麦扬花期、灌浆期、成熟期易感病,其中在赤霉病预控方面,可采用机动喷雾机、背负式喷雾喷粉机、农业航空植保无人机等机具。使用智能自主飞行无人机施药应添加抗蒸发、抗飘移助剂,以增强喷雾质量,保证防治效果。小麦机械化植保作业应符合喷雾机(器)作业质量、喷雾器安全施药技术规范等方面的要求。

（三）冬小麦机械化收获减损技术

小麦机收宜在蜡熟末期至完熟初期进行,此时产量、品质最优;为提高下茬夏玉米的播种出苗质量,要求小麦联合收获机加装秸秆粉碎抛撒装置进行收获,确保秸秆均匀分布于地表。收割倒伏小麦时,适当降低割茬减少漏割,拨禾轮适当前移,拨禾弹齿后倾 15°~30°以增强扶禾作用,倒伏严重的可逆倒伏方向收获,且降低作业速度。小麦过度成熟时,茎秆过干易断、麦粒易落,收割时应适当调低拨禾轮转速,降低作业速度,调整清选筛开度,最好在每日早、晚茎秆韧性较大时收割。收割时,割茬高度≤15 厘米,收割损失率≤2%。作业后,对收获机应及时清仓,防止病虫害跨地区传播。

第三章

玉米生产全程机械化解决方案

▶ 第一节 玉米种植区域分布及农艺特点

玉米作为我国三大粮食(玉米、稻谷、小麦)产量之首,播种面积也位居第一,2021 年玉米播种面积达到 43 320 000 公顷, 是稻谷播种面积的 1.45 倍,是小麦播种面积的 1.84 倍,相当于粮食播种面积的 36.83%。玉米种植主要集中在东华北春玉米区、黄淮海平原夏播玉米区、西北灌溉玉米区、西南山地玉米区、南方丘陵玉米区、青藏高原玉米区六大区域。安徽省地处华东腹地,沿淮淮北地区属于黄淮海平原夏播玉米区,该地区地势平坦、光照充足,境内湖泊交错、水源丰沛,具有生产夏玉米得天独厚的自然条件。安徽省玉米生产布局划分为皖北、皖中、皖南 3 个生态功能区,分别重点发展籽粒玉米、粮饲兼用型青贮玉米和鲜食玉米,各县市区根据自身农业资源优势同时兼顾其他两种类型玉米的发展。

2020 年, 安徽省玉米种植面积达到 1 233 330 千公顷(约 1 850 万亩),是玉米种植面积较多的年份之一。玉米种植制度一般为小麦–玉米,一年两熟制。种植的玉米分为春玉米和夏玉米两种, 生长期为 100~120 天。春玉米播种时间受低温限制,要求低温在 10 摄氏度以上,一般在 3 月底、4 月初播种;夏玉米播种时间主要受前茬作物收获时间限制,一般在 5 月底或 6 月上旬。安徽省夏玉米的种植面积占全年玉米种植面积的 95%以上。

▶ 第二节 玉米生产全程机械化现状及
存在的问题

一 安徽省玉米生产全程机械化现状

安徽省于 20 世纪 90 年代开始探索玉米生产机械化技术,2008 年启动了"玉米振兴技术",针对玉米播种、收获等薄弱环节重点突破,通过引进、试验、示范、推广先进适用的农业机具及农机化技术,使玉米生产机械化水平有了稳定的发展。近 5 年来,安徽省玉米生产机械化率如表 3-1 所示。由表 3-1 可知:2016 年安徽省玉米综合机械化率为 78.87%,2020 年安徽省玉米综合机械化率达 88.6%。安徽省玉米机械化生产虽已取得了一定发展,但仍低于全国平均水平,与安徽省小麦、水稻机械化路线相比存在一定差距。玉米生产机械化技术上存在的一些难题,制约了玉米生产全程机械化的发展。

表 3-1   2016—2020 年安徽省玉米生产机械化率(单位:%)

年份	机耕率	机播率	机收率	安徽省综合机械化率	全国综合机械化率
2016 年	68.36	93.13	78.52	78.87	83.08
2017 年	74.59	94.20	80.10	82.13	85.55
2018 年	79.92	91.80	84.81	84.95	88.31
2019 年	84.74	94.50	85.93	87.12	88.95
2020 年	88.91	91.19	85.59	88.60	90.00

二 玉米机械化生产技术存在的问题

(一)前茬(小麦)秸秆粉碎还田影响玉米机播质量

安徽省传统的麦-玉种植模式,前茬小麦秸秆通过就地焚烧处理,为玉米种植创造了有利条件。21 世纪以来,秸秆燃烧带来的环境污染问题得到了重视,秸秆禁烧政策实施使秸秆粉碎还田机械化技术得到了大力推广。但秸秆还田技术存在秸秆粉碎率低、抛撒不均匀及功耗大等问题,对玉米播种提出了挑战。

小麦秸秆粉碎还田技术需要在小麦联合收获机出草口加装秸秆切碎抛撒装置,由于增加了粉碎还田作业环节,所以会消耗联合收获机的部分动力。安徽省大部分产区使用谷物联合收获机存在使用年限长、动力较小的问题,加装秸秆粉碎装置后,在小麦收获与秸秆粉碎同时作业时,存在因动力消耗增大、收获环节作业效率明显下降等问题,影响了夏玉米的抢种。当小麦产量较高、秸秆量较大或是倒伏较多的情况下,秸秆粉碎还田作业容易出现秸秆粉碎长度及抛撒均匀度达不到作业质量要求的问题,直接影响玉米机播质量。小麦秸秆还田后,其秸秆上携带的大量病原菌和虫卵被带到土壤中,如黏虫、甜菜夜蛾、蚜虫、蓟马、叶螨等,增加了玉米田块病虫害防治的难度。

(二)玉米生长中后期病虫害防治难度大

玉米大喇叭口期是玉米生长的关键时期,大喇叭口期及后期病虫害防治对玉米最终的产量和品质有重要的作用。这一时期,玉米主要虫害有玉米螟、蚜虫,主要病害有小斑病、锈病、弯胞菌叶斑病。为确保玉米高产稳产,需要加强预测预报,适时适量进行防治。玉米生长到大喇叭口期以后,植株株型高、行间叶片紧密,田间郁闭,叶片在 11~13 片,株高 1.2~1.5 米,喷雾作业操作困难,给机械化植保带来了较大难度。

目前,我国市场上适用于玉米中后期植保作业的机具类型少,主要有背负式喷雾机、自走高架式喷杆喷雾机及无人植保机 3 种类型。使用人工背负式机动喷雾机进行植保作业,灵活方便,适应性强,但此种方式下的机械化程度较低,存在劳动强度大、作业环境差、作业效率低、人工成本高等问题,不适合进行广泛推广应用。自走高架式喷杆喷雾机以高地隙的拖拉机为动力,多数机具的离地间隙在 1.0~1.3 米,而玉米株高 1.8~2.5 米,因而其无法满足玉米后期的植保需求。极少数超高地隙喷杆喷雾机离地间隙 2.0~2.8 米,基本满足大多数玉米株型的需求,但该机型在地头转弯时转弯半径大,压苗严重,影响玉米产量,并且这些机具研发生产起步晚、发展慢、机型少,在施药技术和产品可靠性、适应性上还存在一定的问题,不能完全满足玉米中后期植保作业的需求。目前,玉米中

后期植保作业使用较为广泛的是植保无人机。植保无人机操作灵活方便,适应性强,作业效率高,并且对株高没有限制。研究显示,无人机从作物上空垂直向下作业,因为玉米植株高大、叶片稠密,无人机产生的风场不足以让药剂穿透叶片作用到植株的中下部和附着在叶片的反面,施药效果有待进一步提高;植保无人机的续航能力和农药载重量也有待提升。

(三)适宜机械化籽粒直收的夏玉米品种短缺

收获是玉米生产中用工量最大的环节,约占整个玉米生产周期用工量的 50%,收获环节机械化水平低制约了玉米生产全程机械化的发展。目前,玉米机械化收获包括机械摘穗收获及机械籽粒收获,摘穗收获是用机械将玉米果穗收获、剥皮,然后再晾晒、脱粒;玉米籽粒收获是用玉米联合收获机械一次性完成玉米摘穗、剥皮、脱粒、清选及秸秆粉碎等作业,机械化程度相对较高,在作业效率、节约劳动力、减少生产成本等方面具有更明显的优势,更有利于玉米生产全程机械化的发展。玉米籽粒直收需要农机、农艺的互相配合,尤其对玉米品种的要求较高。玉米果穗的脱水速度是判断其是否适合籽粒直收的重要指标。研究表明,玉米籽粒的含水率在 23%~25%,进行籽粒直收作业能最大限度地减少收获损失,也能保证玉米籽粒收获的质量。果穗和籽粒含水量较大,会导致玉米在脱粒过程中籽粒破损率增加、脱粒不净,以及运输贮藏过程中发生籽粒霉变现象。这就要求玉米果穗脱水速度快,适当早熟、生育期稍短,更有利于玉米果穗在适当的条件下完成脱水,使玉米籽粒直收时含水量适宜。而安徽省种植的玉米品种大部分成熟时籽粒含水率在 30%~35%,难以实现籽粒直收。同时,籽粒直收要求玉米株型紧凑、茎秆硬、株高矮、耐密、抗倒伏及穗位整齐等,以利于机具在进行摘穗作业时,能够降低收获过程中的损失率,保证玉米产量。

▶ 第三节　玉米生产全程机械化解决方案及典型模式

玉米生产全程机械化包括播种、施肥、植保、收获、烘干等多个环节,是多项农机化技术综合配套的一个技术体系。本章介绍的玉米生产全程机械化技术包括玉米免耕播种机械化技术、玉米植保机械化技术、玉米收获机械化技术、玉米烘干机械化技术等内容。

在玉米全程机械化生产各环节中,播种环节主要采用免耕播种的方式,可实现前茬秸秆粉碎覆盖还田(或打捆离田)条件下的玉米精量播种和施肥作业,目前机械化程度较高。玉米植保环节的病虫草害防治以化学防治为主,早期使用的机具多为背负式机动喷雾机,近年来喷杆式喷雾机、植保无人机等新型植保机械已逐渐开始应用,且发展势头强劲。玉米收获环节主要有摘穗收获、籽粒收获和青贮收获3种方式。摘穗收获后进行脱粒仍是目前玉米收获的主流方式;随着技术的发展,籽粒直收模式因其节本增效优势明显,将成为玉米收获机械化的主要发展方向;由于青玉米秸秆是牛、羊等家畜上好的适口饲料,玉米青贮收获也具有广阔的发展前景。在安徽省玉米主产区,玉米烘干宜采用连续塔式烘干机进行作业,但目前该设备配置量较少;且玉米烘干需要与批量玉米脱粒或籽粒机收技术集成应用,目前尚不能满足生产的需要。

玉米生产全程机械化技术路线如图3-1所示。

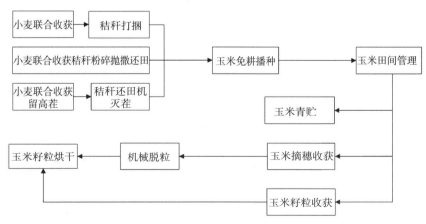

图3-1　玉米生产全程机械化技术路线

一　玉米免耕播种机械化技术

(一)技术简介

玉米免耕播种机械化技术是指在前茬秸秆处理后的田块直接利用

玉米免耕播种机进行播种,包括前茬作物(小麦)秸秆还田(离田)作业、未耕地上的破茬开沟、化肥侧深施、精量播种、覆土镇压等工序。

玉米免耕播种主要作业模式有:

(1)小麦秸秆切碎均匀抛撒覆盖还田后玉米免耕播种。使用联合收获机加装秸秆粉碎抛撒装置收割小麦,作业时割茬高度为20厘米左右,秸秆切碎均匀抛撒,切碎长度为5~10厘米,墒情适宜时及时进行玉米免耕播种。拖拉机配套玉米免耕播种机一次进地,完成板茬开沟、侧深施肥、精量播种、覆土镇压等作业工序。在小麦收割前有明显降雨、土壤墒情适宜的情况下,运用此模式可减少作业环节,实现抢时、抢墒播种。

(2)小麦高留茬收获,灭茬还田后玉米免耕播种。使用联合收获机收割小麦时留茬30厘米左右,之后采用拖拉机配套秸秆还田机粉碎秸秆还田作业,适墒或造墒后进行玉米免耕施肥播种。采用该模式在小麦收获后需要二次作业方能播种,可能会导致作业成本增加、播种时间推迟、玉米生长时间缩短,影响玉米产量。同时,粉碎后的地表秸秆较多较厚,播种时要防止出现壅堵现象。

(3)小麦低茬收割,秸秆打捆离田后玉米免耕播种。在实施秸秆离田的田块,使用联合收获机收割小麦时割茬高度不大于15厘米,之后利用秸秆打捆机对秸秆进行打捆并运离田块,再利用玉米免耕播种机进行播种作业。

(二)配套机具

玉米播种一般是在小麦秸秆还田或秸秆离田条件下进行,秸秆处理的效果如何将直接影响玉米播种的质量。除拖拉机外,涉及玉米播种环节的装备主要有小麦联合收获机、秸秆粉碎还田机、秸秆打捆机和玉米免耕播种机等。

玉米免耕施肥播种机是玉米播种环节的关键性机具,一般要求其具有防缠草、防壅土性能。前茬收割作业时,机器碾压形成的轮辙易导致播种时地表深浅不一,为后续玉米播种带来了较大困难,这又要求播种机同时具有较好的仿形性能,才能保证播深一致。玉米播种机又称穴播机,可一穴单粒或一穴双粒,在秸秆还田条件下,双粒播种较单粒播种有更好的适应性,更有利于实现一播全苗,近年来双粒播种在不少地方逐渐被推广应用。

常见的玉米免耕播种机按排种方式不同分为机械式和气力式两种,现有的各种型号精量播种机一般都可以一次性完成开沟、施肥、播种、覆土、镇压等作业。

(1)机械式播种机排种器主要有窝眼式、勺轮式、指夹式(图3-2),主要代表机型有2MYF-4型免耕播种机,适应行距60~70厘米,一次作业4行,适宜配套动力为15~37千瓦的拖拉机。

(a)窝眼式玉米播种机　　　(b)勺轮式玉米播种机　　　(c)指夹式玉米播种机

图3-2　机械式播种机

(2)气力式精量播种机可分为气吸式精量播种机(图3-3)和气吹式精量播种机。气吸式播种机的工作原理:播种器工作时由高速风机产生负压,传给排种单体的真空室;排种盘回转时,在真空室负压作用下吸附种子,并随排种盘一起转动;当种子转出真空室后,不再承受负压,就靠自重或在刮种器的作用下落在沟内。在该机气吸体上更换不同的排种盘和采用不同的传动比,即可精量播种玉米、大豆、高粱、小杂粮及甜菜等多种作物。

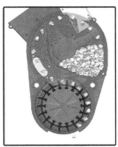

排种器工作示意图　　　　清种机构

(a)气吸式玉米播种机　　　(b)气吸式玉米播种机排种器结构

图3-3　气吸式玉米播种机及其排种器结构

气吹式播种机的工作原理:依靠种子自重和气流压差将种子填充到排种轮型孔内,转到清种区时,利用气嘴的高压气流,将型孔中多余的种子吹掉,型孔底部有针孔状排气孔,这样其中一颗种子就被压附在型孔中,排种轮继续转动到护种区,气压消失,到开沟器上方时,种子依靠自重落到种沟里。该机优势是能适应不同形状、大小的种子,适应性强。其利用高速气流清种而不伤种,单粒精播效果好。它的缺点和其他气力式排种器一样,制造和使用成本较高。

气力式播种机播种精度高、种子无破损,可以高速作业,更适应家庭农场或种粮大户对播种质量的要求。目前,已经有专业服务组织开始应用这种播种机。播种作业时,为播种机配套卫星导航自动驾驶装置及安装播种故障报警、作业质量监测等信息化装置,是未来精量播种作业的发展方向。

二 玉米植保机械化技术

(一)技术简介

玉米植保机械化技术是指在玉米生长的不同时期采用背负式机动喷雾机、轮式自走式喷杆喷雾机、植保无人机等植保机械进行病虫草害的防治,以降低人工作业投入,实现提升玉米品质、产量和生产效益的机械化作业技术。

玉米植保作业分为苗期除草和虫害防治、大喇叭口期虫害防治、抽雄扬花穗粒期病虫害防治3个阶段。苗期草虫害防治宜采用背负式机动喷雾机、轮式自走式喷杆喷雾机作业;玉米大喇叭口期、抽雄扬花穗粒期的病虫害防治宜采用植保无人机作业。

(二)配套机具

适用于玉米植保环节的机具主要有背负式机动喷雾机、自走式喷杆喷雾机、植保无人机等。植保机械的结构组成、工作原理等参考本书第一章第三节的内容。

值得注意的是,由于玉米中后期田间郁闭,常规压力喷头式植保无人机雾滴粒径大,难以穿透冠层到达玉米果穗等病虫害发生的部位,导致对玉米病虫害防治效果差。目前,将热雾机的热力雾化和低量喷雾技术与高效率植保无人机进行结合的植保作业方案,具有较高的作业效率和良好的防治效果,近年来在皖北地区玉米中后期病虫害防治方面进行了大面积推广应用,验证了该装备的有效性。此外,植保无人机改用静电离心喷头,将雾滴粒径控制在 50~80 微米,也可实现雾滴对玉米冠层的有效穿透,其防治效果也优于常规压力喷头,如图 3-4 所示。

（a）植保无人机搭载热雾机　　　　　（b）植保无人机搭载离心喷头

图3-4　改进型玉米中后期植保无人机

三　玉米收获机械化技术

（一）技术简介

玉米收获机械化技术是指在玉米成熟或满足特定收获条件时,根据其种植方式、农艺要求或特殊需要,用机械来完成玉米的茎秆切割、摘穗、剥皮、脱粒、秸秆处理等部分或全部生产环节的作业技术。玉米机械化收获一般有摘穗收获、籽粒收获及青贮收获 3 种方式。

1.玉米摘穗收获机械化技术

玉米摘穗收获机械化是利用摘穗型玉米联合收获机实现玉米果穗收获和秸秆还田的一种方式,该方式一次性完成摘穗输送、升运剥皮、果穗集箱、秸秆粉碎还田等作业工序。采用摘穗方式收获后,需人工晾晒果穗。采用玉米脱粒机脱粒后,再晾晒或烘干籽粒至符合储存或销售要求的含水率。安徽省为一年两熟麦玉连作区,夏玉米收获时,因籽粒含水率较高、需及时灭茬整地等,多采用摘穗机械化收获方式。

2.玉米籽粒收获机械化技术

玉米籽粒收获机械化技术是指利用玉米籽粒联合收获机一次性完

成摘穗、剥皮、脱粒、清选,并配套秸秆处理设备的新型技术。适用机型有互换割台式纵轴流谷物联合收获机或换装玉米专用割台、更换脱粒和清选装置,进行调整后的大马力谷物联合收获机。若安徽省夏玉米采用籽粒收获方式收获,须延迟玉米收获时间,以降低玉米籽粒含水率、减少收获损失。玉米籽粒机械化收获能够减少脱粒晾晒作业环节,降低生产成本,提升玉米品质和生产效益,是玉米生产全程机械化发展的方向。但应从播种开始就筛选早熟型、脱水快、角质型等适合机械粒收的品种,研发推广破碎率和损失率低的收获机械,选择在最佳收获期收获,建立烘干存储设施,构建配套收储模式。

3.玉米青贮收获机械化技术

玉米青贮收获机械化技术是指运用专用青贮收获机械在玉米籽实乳熟末期至蜡熟前期,将果穗、秸秆等新鲜玉米(含水率为65%~75%)进行收割切碎再运输离田,及时存放在青贮窖中,经发酵制成青贮饲料或工业原料的机械化技术。玉米青贮收获制作青贮饲料,产量高、营养价值高,是当前鼓励引导应用的生产方式。玉米青贮机械化收获可分为直接收获法和分段收获法两种。

直接收获法用专用青贮玉米收获机,直接收割在田间直立生长的整株玉米,将其切碎并抛送到拖车中,然后运到贮存地点直接卸入青贮窖并压实密封,或进行打捆、包膜封存。工艺流程:青贮玉米收获机直接收割、切碎→抛入集草车→运至青贮窖边→装入青贮窖→机械压实→密封,或青贮玉米收获机直接收割、切碎→抛入集草车→打捆、包膜封存。

分段收获法是利用收获机在田间先将青贮玉米收割,再由场地固定式切碎机将其切碎,然后进行青贮的一种方式。工艺流程:青贮玉米收获机直接全株收割→装车→运至青贮窖边→机械切碎→装入青贮窖→机械压实→密封,或青贮玉米收获机直接全株收割→装车→机械切碎→打捆、包膜封存。

(二)配套机具

1.玉米联合收获机

按照收获方式的不同,玉米联合收获机可分为摘穗型玉米联合收获机、籽粒直收型玉米联合收获机和青贮玉米收获机。按照安装结构及动力输入方式的不同,玉米联合收获机又可分为悬挂式、专用自走式、互换割台型、茎穗兼收型等几种类型。常见玉米联合收获机如图3-5所示。

（a）专用自走式摘穗型玉米联合收获机

（b）割台互换式摘穗型玉米收获机

（c）背负式青贮玉米收获机（卧式割台）

（d）立式青贮玉米收获机

图3-5　常见玉米联合收获机

　　摘穗型玉米联合收获机结构原理：摘穗式玉米收获机工作时，前段分禾器将秸秆导入拨禾链，经摘穗辊前端的导锥进入摘穗机构，摘下的果穗落入输送器，由输送器输送到升运器，升运器将果穗送到剥皮机，经剥皮机剥皮的玉米被抛送到果穗箱内，玉米苞叶和断秸秆被排出机外。摘穗后的秸秆被粉碎装置粉碎后，均匀地抛撒于地表。

　　籽粒直收型玉米联合收获机结构原理：籽粒直收型玉米联合收获机由割台、脱粒机、清选设备、提升器、粮仓、底盘等组成。玉米收获机工作时拨禾轮把玉米植株向后拨送引向切割器，切割器将玉米穗割下由拨禾轮推向割台搅龙，搅龙将割下的玉米推集到割台中部的喂入口，由喂入口伸缩齿将玉米切碎并拨向倾斜输送槽，玉米秸秆和玉米穗在高速旋转的脱粒滚筒表面被滚筒上的柱齿反复击打、切割，迅速分解成籽粒、粒糠、碎茎秆和长茎秆。籽粒、粒糠、碎茎秆从分离板的空隙中落在清选设备的抖动筛上，长茎秆从排草口中被抛送出去，完成籽粒与秸秆分离。分离出来的籽粒、粒糠、碎茎秆、杂余物等被输送到清选设备，在上筛和下筛的交

替作用下,籽粒从筛孔落到提升器内,其余杂物被清选出机外,玉米籽粒在提升器的作用下进入粮仓。

青贮玉米收获机的分类及结构原理:青贮玉米收获机按动力连接方式分为自走式和悬挂式;按割台结构不同,分为卧式割台、立式割台和板式割台;按收获形式不同,分为不对行收获和对行收获。其中,卧式割台型一般由割台、喂入装置、切碎抛送装置、集草箱及液压控制系统等部件构成。作业时,直立的玉米植株被大拨禾轮拨向切割器切割,同时将割下的玉米植株拨向输送链耙及喂入搅龙,搅龙将玉米植株集中后输送给喂入装置,经喂入装置的两组卧式喂入辊将其压扁并喂入切碎装置进行切碎,切碎后的玉米植株经抛送筒抛送到饲料运输车上。

立式割台型收获机一般由扶禾器、前割台、喂入装置和切碎抛送装置构成。前割台由圆盘割刀、圆盘上均匀分布的护刃和拨齿组成,割刀、护刃和拨齿依次装配在同一立式轴上并做同轴旋转运动,其中割刀转速较高,作业时依靠割刀和圆盘上的护刃相互作用将直立的秸秆切断,同时拨齿夹持秸秆的根部使其做旋转运动。把直立秸秆从根部依次送入喂入装置,经喂入装置将其压扁后再喂入切碎装置进行切碎。由于这种喂入是拨齿夹持秸秆根部依次拉入喂入装置,所以不受收获作物秸秆高度的限制,适合青贮专用玉米收获。此类多圆盘式割台在作业时,作物喂入均匀,对高秆作物收割能力较强,可实现不对行作业,能降低割茬高度,收获效率高。

茎穗兼收型青贮(果穗成熟时为黄贮)收获机多采用板式割台,可实现果穗、秸秆分开收集,一次性完成摘穗、剥除苞叶、果穗收集并装车、秸秆切碎回收等作业。图3-6为茎穗兼收型青贮收获机及其作业现场。

(a)茎穗兼收型青贮收获机　　　　　(b)作业现场

图3-6　茎穗兼收型青贮收获机及其作业现场

2.玉米脱粒机

玉米脱粒机是对摘穗晾干后的玉米果穗进行脱粒的机械,多为轴流滚筒式,也有垂直脱粒盘式。该机主要由滚筒、凹板、筛子、风扇、喂料斗、籽粒滑板、螺旋导杆等部件组成。

其工作过程为玉米穗通过喂料斗进入滚筒,在高速回转滚筒的冲击和玉米穗、滚筒、凹板的相互作用下完成脱粒。脱下的籽粒及细小混杂物大部分通过凹板孔,由风扇进行气流清选。轻混杂物从排杂口吹出,籽粒经籽粒滑板滑出机外。穗轴则沿滚筒轴向移动,籽粒由轴端出口经振动筛子表面排出机外,夹带在穗轴中的部分籽粒经筛孔漏下并进入籽粒滑板滑出机外。玉米脱粒机如图3-7所示。

图3-7　玉米脱粒机

四 玉米烘干机械化技术

(一)技术简介

玉米烘干机械化技术是指在玉米收获后,将含水率30%左右的玉米籽粒经过机械传送到采用煤、电、气或生物质提供热源的烘干装置,经过烘干降水、缓苏降温,经2~3个连续烘干加工过程,在不增加籽粒破碎、不改变玉米品质的基础上,使玉米籽粒的含水率降到13%左右,符合入仓储存要求,以减少玉米籽粒霉变、降低玉米晾晒人工投入,提升玉米品质、生产效益的机械化作业技术。

谷物机械化烘干有低温批次循环烘干和连续式烘干两种方式,玉米

烘干主要采用连续式机械化烘干方式。安徽省配置较多的为处理量在
100吨/天及以上的连续式谷物烘干机。连续式粮食烘干机如图3-8所示。

图3-8 连续式粮食烘干机

(二)配套机具

1.工作原理

连续式烘干机作业时,将需烘干的湿粮喂入烘干机,当粮食到达储
粮段的低料位时,启动热风机开始送热风将粮食烘干;湿粮经过储粮段
进入布风段后,均匀分布在布风段内的各通风节管内,热风在通风节管
外流动,对粮食加热;然后粮流和热风同时向下流动,进入烘干段,在烘
干段内使粮食中所含水分汽化,再以废气的形式将汽化水分从废气角状
盒排出,从而使粮食得到第一次烘干。经过第一次烘干的粮食进入缓苏
段,在缓苏段不通热风。粮食经过缓苏后,内部的水分重新分布,以消除
水分梯度,使干燥得更加均匀。经过缓苏后的粮食进入下一个布风段、烘
干段和缓苏段,如此循环,直到粮食彻底得到烘干。烘干后的粮食在冷却
段内经过冷却降到合适的温度后,由排粮段经排料斗排出。

2.主要结构

连续式粮食烘干机按照介质(空气)与粮食的相对流向主要分为顺
(逆)流式烘干机、混流式烘干机和横流式烘干机。连续式粮食烘干机原
理如图3-9所示。

连续式粮食烘干机主要包括干燥机、热风炉、附属设备等。烘干机由
顶盖、储粮段、布风段、换向布风段、烘干段、缓苏段、冷却段和排粮段及

底座等部分组成。热风炉常见的有燃煤热风炉、生物质热风炉、燃气炉、燃油炉等。附属设备包括斗式提升机、带式输送机、圆筒初清筛和自平衡振动筛、除尘系统、脱硫除尘系统、电气控制系统等。

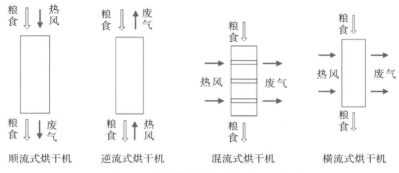

图3-9　连续式粮食烘干机原理示意图

（五）玉米生产全程机械化典型模式

（一）技术要点

玉米生产全程机械化技术主要通过带导航系统的玉米免耕精量播种系统提高播种质量,同时为后期的玉米田间管理和机械化低损收获提供条件;采用无人机飞防及热雾飞防技术完成玉米病虫害防治;采用水肥一体化技术完成田间管理环节;利用玉米收获技术实现收获。在玉米生产的整个过程中,通过智能管控平台对作物生长状态进行监控,实现玉米不同生产环节的农情判断、农事提醒、农机调度和综合效益评价。

（1）玉米免耕精量播种技术。玉米免耕精量播种机主要由配有导航系统的拖拉机、播种机和云平台控制系统组成。应用自动导航播种技术,使播种机具有自动行走和定位功能,工作过程中通过传感器监测播种速度、位置、方向,根据作业计划规划播种路径实现自我导航。播种机需要选用适合淮北平原的玉米免耕播种机,实现单粒精播。若有条件,可以选用带自动播种控制系统的免耕播种机,以达到播种自动控制、播种精确、株距均匀、株直线度好的要求,以节省物质资源,增加玉米作物冠层透光、通风性能,改善玉米冠层小气候,为植物的生长发育创造良好条件,也为后期的田间管理和机械化收获提供高效作业保障。

（2）玉米植保绿色防控技术。针对玉米病虫害多发生在植株的中下

部,玉米前期病虫害防治采用无人机进行飞防,中后期玉米病虫害防治建议采用安徽农业大学自行研制的玉米病虫害智能高效热雾飞防技术。在无人机上搭载热雾机,同时配合热雾稳定剂使用,可以解决玉米中后期植保雾滴穿透性差、防效不佳的难题,同时达到减药效果,实现绿色防控。

(3)玉米田间水肥管理技术。为解决传统灌溉和施肥方式成本高、水肥利用率低等难题,玉米田间施肥和灌溉建议采用大田管网智能水肥一体化管理系统。该系统可根据土壤、气象传感器等信息,实现水肥精准调配和自动灌溉,农户可结合控制平台软件和手机端进行远程监控作业,实现节水、节肥、节工,提高经济效益。

(4)玉米收获技术。玉米收获可以采用玉米果穗或者籽粒两种方式的收获机械来实现。带导航系统的玉米收获机容易实现田间对行收获作业,从而减少收获损失。

(5)玉米生产管控云平台。利用综合作物生长、机械作业信息及经济效益分析的玉米生产智能装备管控系统平台,可实现融合农机、农艺、农信等信息,集成环境监测、设备控制、统计分析和农事任务生成与派发等功能。

(二)适宜区域

玉米生产全程机械化适用于安徽省淮北平原地区玉米主产区,建议在高标准农田中进行推广应用。淮北平原田块具有地势平坦、生产规模大、障碍物少等特点,有利于农机作业,从而实现大田玉米种植的高度规模化、集约化和智能化。

(三)技术示范推广情况

玉米生产全程机械化模式从 2017 年开始试验示范,在安徽省玉米主产区宿州、阜阳、亳州等地进行推广。通过高素质农民培训、现场无人作业示范、项目示范等方式进行推广,示范效果良好。

"十三五"以来,安徽省玉米全程机械化生产体系已经形成,精量播种复式作业、智能化灌溉、植保无人机作业、玉米机收等已经广泛使用,基本实现生产全程机械化。当前,农业装备的信息化、智能化水平大幅度提升,各个市县(区)已经开展智慧农机信息化管理项目试点,建设了智慧农机信息化管理平台和智能监管终端。田间机耕道路、排灌沟渠、田块长宽与平整度等"宜机化"改造为无人农场的推广提供了基础设施条件。

第四章　大豆生产全程机械化解决方案

▶ 第一节　大豆种植区域分布及农艺特点

一　大豆种植区域分布概况

大豆是一年生草本植物,是世界上最重要的豆类。根据大豆品种特性和耕作制度的不同,中国大豆生产分为五个主要产区:内蒙古、东北三省的春大豆区,黄淮流域的夏大豆区,长江流域的春夏大豆区,江南各省南部的秋作大豆区,两广、云南南部的大豆多熟区。其中,东北春大豆区和黄淮流域的夏大豆区是中国大豆种植面积最大、产量最高的两个区域。安徽省地处南北结合部,横跨我国黄淮和南方两个大豆主产区,是黄淮流域夏大豆产区的主要省份之一,是我国的高蛋白大豆主产区。安徽大豆种植面积位居全国前列,其中淮北种植面积占全省的 85%,产量约占83%;沿淮种植面积占全省的 10%,产量占 12%;沿江和皖南山区种植面积占全省的 5%,产量占 5%。夏大豆生产以一年多熟制为主,在轮作复种中的地位十分重要。淮北地区以麦、豆轮作为主,这种轮作方式既优化了耕作制度又给小麦培肥地力;淮南地区的种植形式多样化,多以冈地种植大豆或与其他作物间作套种;皖南地区的水稻种植面积大,发展田埂种豆是扩大大豆种植面积的有效途径。

二 大豆种植农艺特点

(一)播种前的农艺特点

(1)品种选择。根据安徽省大豆的生产实际和农民种植习惯,宜选用绿色、优质、高产、早中熟、适宜机械化作业的品种,如皖豆 28、齐黄 34、临豆 10、皖豆 37、菏豆 19、皖豆 33、皖豆 35 等。

(2)种子精选。应用清选机精选种子,要求纯度≥99%,净度≥98%,发芽率≥95%,水分≤13.5%,粒型均匀一致。

(3)种子处理。应用包衣机将精选后的种子与种衣剂混合拌种包衣。对大豆苗期根腐病、立枯病等常年发病较重的区域,可选用精甲霜灵、咯菌腈等药剂拌种;对地下害虫蛴螬、金针虫较重的区域,可选用辛硫磷、吡虫啉等药剂拌种,预防大豆苗期病虫害。

(4)保护性耕作。小麦收获后,将秸秆均匀抛撒覆盖于地表,为大豆播种提供条件。如联合收获机(未加秸秆粉碎器粉碎秸秆)收获小麦后,小麦秸秆成条铺放或扎堆,应将多余的秸秆打捆回收或清运离田,小麦收割留茬高度应低于 15 厘米,以确保播种质量。有条件的地区可应用联合整地机等进行间隔深松整地作业,构造"虚实并存"的耕层结构。间隔 3~4 年深松整地 1 次,以打破犁底层为目的,深度一般为 25~40 厘米,稳定性≥80%,土壤膨松度≥40%,深松后应及时合墒,必要时镇压,待墒情适宜时直接播种。

(5)耕翻整地。在前茬为冬小麦且小麦播种时整地质量较好的情况下,没有实行保护性耕作的地区,小麦收获后,一般先撒施底肥,随即用铧式犁耕翻或旋耕机旋耕(秸秆量过大可先粉碎秸秆再旋耕),然后用轻型钉齿耙浅耙,耙细耙平,以保障播种质量。适宜作业的土壤含水率为 15%~25%。

(二)播种时的农艺特点

(1)抢墒播种。夏大豆要抓住麦收后土壤墒情较好的有利时机,适时抢墒早播。对墒情不足的田块,要及时浇水造墒播种。同时,开好"三沟",做到雨停厢干,沟中无积水。沿淮淮北地区适宜的播种期为 6 月 5 日—20 日。

(2)合理密植。根据大豆品种和土壤肥力,对中小粒型品种(百粒重≤22.0 克),亩播种量为 5~6 千克;对大粒型品种(百粒重>23.0 克),亩播种量为 6~7 千克。分枝强的品种每亩定苗 1.5 万~1.8 万株,分枝弱的品种每亩定苗 1.8 万~2.0 万株。苗期若存在缺苗断垄的地块,要及时补苗,确保苗匀、苗全。

(3)深施种肥。一般情况用过磷酸钙作为大豆种肥,每亩用量 10~15 千克。薄地施种肥常需加少量氮肥,每亩施尿素 10 千克或硝酸铵 10~15 千克。混合施肥时,氮、磷配合比例以 1:3 或 1:2 为好。

(4)播种质量。确保播种质量是实现大豆一次播种保全苗、高产、稳产、节本、增效的关键和前提。最好采用机械化精量播种技术,一次性完成施肥、播种、覆土、镇压等作业环节。

(5)播深以覆土镇压后计算,播种深度为 3~5 厘米,确保种子播在湿土上。播后地表平整、镇压连续,晾籽率≤2%;地头无漏种、堆种现象,出苗率≥95%。

(6)播种机在播种时,结合播种施种肥于种侧 3~5 厘米、种下 5~8 厘米处。施肥深度合格指数≥75%,种肥间距合格指数≥80%,地头无漏肥、堆肥现象,切忌种肥同位。随时播种施肥随时镇压,做到覆土严密、镇压适度、无漏无重、抗旱保墒。

第二节 大豆生产全程机械化现状及存在的问题

大豆机械化生产主要分整地、播种、植保和收获等环节。近年来,安徽省大豆生产全程机械化发展较快,但仍然存在诸多问题:整地多为旋耕,埋茬不到位;免耕覆盖播种,秸秆难以实现均匀抛撒覆盖;大豆播种机多为传统多功能条播机,农户对大豆播后没有匀苗、间苗习惯,缺苗断垄、疙瘩苗现象普遍存在;大豆精量播种机械占有率较低,大豆播种质量不高(不利于大豆高产);大豆机收一般采用稻麦联合收获机改装机型,大豆专用收获机保有量不多,致大豆收获损失率较高;植保机械基本上是通用植保机械,导致大豆病虫草害防治效果不理想。

大豆生产全程机械化技术路线如图4-1所示。

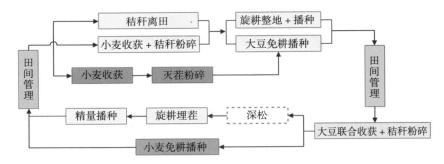

图4-1　大豆生产全程机械化技术路线

一　大豆播种机械化现状及存在问题

大豆播种机械化是指按照农艺要求,使用适宜机具实现大豆播种的机械化作业,一般包括播前准备、播种、播后镇压等环节。安徽省大豆播种机械有传统多功能播种机、大豆免耕条播机、大豆免耕精量播种机、灭茬免耕大豆播种机、茬地免耕覆秸大豆精密施肥播种机和全还田防缠绕大豆精量播种施肥机等。

(一)传统多功能播种机

传统多功能播种机主要应用于小麦播种,还可以播种大豆、高粱等,一机多用。排种器形式多为外槽轮式,行距一般为 18~20 厘米,可与大、中、小型轮式拖拉机或手扶拖拉机配套,应用广泛。播种大豆时,在该机上插上其他排种槽孔插板、抽出窝眼槽孔插板即可播种。该机主要在传统耕作方式下使用,秸秆全量还田条件下使用受限。

(二)大豆免耕条播机

大豆免耕条播机在传统播种机的基础上,提高耩腿高度,加大前后耩腿间距,行数根据配套动力机械设定(安徽省应用 4~8 行的居多),行距由原来的 18~20 厘米增加为 30~40 厘米,整机材料加强,有的增加防缠绕机构,以减少播种机壅堵现象,提高在秸秆还田条件下播种机的通过性能;分别与大、中、小型轮式拖拉机或手扶拖拉机配套,可以在秸秆还田条件下免耕直播大豆。

(三)大豆精量施肥播种机

通过更换常规播种机的排种器,可实现大豆精量播种;同时增加施肥功能,可实现种肥同播,改变传统播种时不施肥的习惯,增产效果明显。目前,应用的大豆精密排种器有勺轮式排种器、指夹式排种器、高填充窝眼轮式排种器、窝眼式排种器和勺夹式排种器等,行距为 30~40 厘米。大豆精量播种可减少大豆苗期人工间苗环节,降低了生产成本,应用前景看好。目前,较多机型也开始增加智能化作业功能。图 4-2 为电控大豆排种器。

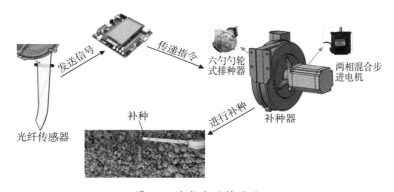

图4-2　电控大豆排种器

勺轮式排种器的作业特点:

(1)适应性好,在坡地、山地、丘陵地及凹凸不平的耕地都能准确地完成排种作业。作业速度是传统排种器的 2 倍,为 8~10 千米/小时。

(2)排种器里面配套的排种盘外壳采用高度透明的聚碳酸酯材料制作而成,具有强度高、耐磨损、耐腐蚀的优点,还可看到种子的排种过程。

(3)每个勺里配置了压缩弹簧,抗压能力强、使用寿命长,能适应排种时的高频转动。

(4)种勺前端有三角形勺尖凸出勺平面,舀种效果好;又安装有压缩弹簧的顶种装置推夹,能使舀上来的种子牢牢固定在勺内,在外界任何震动条件下种子都不会掉落,漏播率低。

(5)排种器两端配有可转动自润滑滚轮,转动轻便,减少了转动阻力,在转动时降低了噪音,提高了排种器的使用寿命。

(6)排种器前上侧有调节螺栓,是调整喂种口大小的装置。左旋调节螺栓,喂种口会缩小;右旋调节螺栓,喂种口会张大。换种时,旋转调节螺栓即可轻松调节排种器到最佳工作状态,满足播种者对不同品种、不同大小颗粒的播种需求。

(四)茬地免耕覆秸精密施肥播种机

茬地免耕覆秸精密施肥播种机一次进地可完成种床整备、精量播种、侧深施肥、覆土镇压、封闭灭草和秸秆均匀全覆盖等环节作业。该机排种器采用单腔单/双排种盘结构形式,单/双条精密播种,通过调整可以实现单排或双排精密播种。采用侧深施肥技术,可防止烧种,并解决了作物生长后期脱肥的问题。该机有种床整备防堵装置,主要部件是多组清洁刀,每组清洁刀负责清理一个播种带。作业时,首先清洁刀入土2~3厘米,随刀轴旋转,将长达30厘米播种带的麦秸麦茬侧向清理出去,使播种床面上没有秸秆和根茬,实现洁区播种,不会出现秸秆拥堵现象;另外,机械返回时又将秸秆均匀覆盖于播后地表上,起到保墒、护苗、防止雨后结板和夏季暴雨致土壤流失的作用,实现苗全、苗匀、苗壮。

(五)灭茬免耕大豆播种机

该机在不限茬、收割过的麦茬田间能一次性完成秸秆粉碎、播种、覆土、镇压等多道工序,避免秸秆堵塞,减少闪种,降低晾籽率,提高播种质量。因秸秆"禁烧"工作的需要,小麦收获后要及时灭茬,大豆播种通常要滞后一些,灭茬播种复式作业难以同时完成。在雨后土壤和秸秆偏潮的情况下,利用该机抢墒播种效果不佳,以致使用率不高。其中,灭茬和播种应分开进行。

(六)全还田防缠绕免耕施肥大豆精量播种机

全还田防缠绕免耕施肥大豆精量播种机可一次性完成对秸秆残茬的铡切、灭茬、分茬、开沟、碎土、精量播种、施肥、覆土、镇压等多道工序,实现秸秆全还田免耕施肥播种。该机开沟器形式为圆盘锯齿刀与锄铲组合式,防堵部件为圆盘锯齿刀与甩草板组合,精播排种器形式为高充填式,排肥器形式为外槽轮式,镇压部件为单体橡胶镇压轮。利用秸秆和土壤的比重落差原理,将种肥着床处的秸秆和土壤分开,避免秸秆和土壤在苗带处混合,使种子着床在沟内细化后的净土里,给种子发芽创造了良好的条件,保证了出苗率,避免黄苗、吊苗、死苗。种肥同播,侧深施肥,提高了肥料利用率。圆盘锯齿刀能有效解决秸秆缠绕、壅堵、难以铡切等问题,即使遇到厚层秸秆,播种机的通过性也不受影响。地表秸秆微垄覆盖,加快其腐烂,秸秆腐烂后留下的空隙有益于营养物下渗、培肥地力、集雨保墒和减少水分蒸发,从根本上做到了秸秆就地还田、防燃禁烧、保护环境。大豆精量播种机在秸秆和土壤潮湿条件下使用效果不理想,因而不宜使用该机在雨后抢墒播种。

二 大豆植保机械化现状及存在的问题

大豆植保机械化是指根据大豆生育时期病虫草害的发生情况,按照农艺要求选用适宜的药剂及用量,适时使用植保机械完成大豆化除、化控、叶面肥喷施及病虫害防治等作业。

大豆植保机械有电动喷雾器、担架式喷雾机、自走式喷杆喷雾机和植保无人机。自走式喷杆喷雾机和植保无人机等现代高效植保机械用药量少,作业效率高,不受地块限制,对作物无损伤。通过提高雾化效果,使雾滴穿透性能和分布均匀度得到优化,大幅度提高了药效利用率。植保无人机适合于大豆规模化种植,小规模农户大豆植保主要用电动喷雾器和担架式喷雾机。

(一)背负式喷雾机

背负式喷雾机是采用气流输粉、气压输液、气力喷雾原理,由汽油机驱动的机动植保机具,具有操纵轻便灵活、生产效率高、适用性广等特点。其主要由机架总成、离心风机、汽油机(或电动机)、油箱、药箱和喷洒装置等部件组成。机架总成主要包括机架、操纵机构、减震装置、背带和背垫等部件。离心风机主要形式有前弯式短叶片和后弯式长叶片。药箱总成材料主要为耐腐蚀的塑料和橡胶。喷雾作业时,从风机引风管引出的少量高速气流,由进气塞经进气管到出气塞再进入药箱,并在药液上部形成一定的压力,迫使药液流出,通过喷洒装置喷洒。

(二)担架式喷雾机

担架式喷雾机的各个工作部件装在像担架的机架上,作业时由人抬着担架进行转移。它的特点是喷射压力高、射程远、喷量大,可以在田块里

进行作业和转移。由于配用泵的种类不同,担架式喷雾机可分为两大类:担架式往复泵喷雾机和担架式离心泵喷雾机。担架式往复泵喷雾机还因配用的往复泵的种类不同分为3类:担架式活塞泵喷雾机、担架式柱塞泵喷雾机和担架式隔膜泵喷雾机。担架式离心泵喷雾机与担架式往复泵喷雾机的共同点:机具的结构都是由机架、动力机(如汽油机、柴油机或电动机)、液泵、吸水部件和喷洒部件五大部分组成,有的还配有自动混药器。

(三)自走式喷杆喷雾机

自走式喷杆喷雾机是一种将喷头装在横向喷杆或竖立喷杆上,自身可以提供驱动动力、行走动力,不需要提供其他动力就能完成自身工作的一种植保机械。该类喷雾机的优点:作业效率高,喷洒质量好,喷液量分布均匀,适合大面积作业。自走式喷杆喷雾机主要由发动机、四轮同向行走系统、液压泵、药液箱、喷头、过滤器、搅拌器、喷杆桁架机构和管路控制部件等组成。按喷杆的形式,该喷雾机可分为横喷杆式、吊杆式和气袋式3类。按机具作业幅宽,该喷雾机可分为大型喷幅(18米以上)、中型喷幅(10~18米)、小型喷幅(10米以下)3类。

(四)植保无人机

植保无人机是用于农业生产中植物保护作业的无人驾驶飞行器,其专业名称为超低空遥控飞行植保机,通过地面遥控或导航飞控,从而实现喷洒作业。植保无人机主要由动力系统、电力系统、控制系统、喷药系统、机体组成。目前国内对于植保无人机的分类,主要依据其动力系统和机型结构。就动力系统而言,分为油动植保无人机和电动植保无人机两大类。就机型结构而言,植保无人机又分为单旋翼和多旋翼。单旋翼植保无人机向下风场大,有力量,抗风性强。多旋翼植保无人机目前应用最广,其特点是入门门槛低、容易操作、价格便宜,但其下旋风场要比单旋翼植保无人机弱。

三 大豆收获机械化现状及其存在的问题

大豆收获机械化是指用收获机械实施大豆收获的机械化作业,大豆收获机械按收获方式分为联合收获和分段收获两种。由于缺乏分段收获所需的机械,目前安徽省普遍使用的是联合收获机械。大豆联合收获就是采用联合收获机一次性完成大豆的收割、脱粒、清选及秸秆处理等工序的作业。

大豆收获机械有大豆专用联合收获机和通过调整、更换部件的稻麦联合收获机两种。目前,安徽省大豆专用收获机拥有量很小,使用较多的大豆收获机是通过稻麦联合收获机调整而来的,以下主要介绍稻麦共用的大豆联合收获机。大豆收获机的主要部件是挠性割台和大豆脱粒装置。

(一)自走式大豆专用联合收获机

自走式大豆专用联合收获机适用于平原及丘陵地区的农户及家庭农场的大豆收获,可一次性完成大豆的收割、脱粒、复脱、清选、回收、灌装等作业,是大豆专用收获机械。此类机械具有结构简单、操作方便、性能可靠、效率高、籽粒损失小、脱净率高、不易堵塞、故障率低等特点。

(二)稻麦联合收获机(大豆收获共用)

根据行走底盘装置不同,稻麦联合收获机(大豆收获共用)分为履带自走式全喂入联合收获机和轮式自走式全喂入联合收获机。履带与地面接触面积大、压强小,收获机不易下陷;轮式移动方便,不要用卡车运输,大多用于小麦、北方水稻和大豆收割。全喂入联合收获机对大豆秸秆高矮适应性强,工作效率高,是使用最广泛的收获机械。

稻麦联合收获机(大豆收获共用)主要由割台、倾斜输送装置、脱粒清选装置、集粮装置、秸秆切碎装置(根据需要安装)、液压升降及操纵装置、传动系统、履带式(或轮式)行走底盘装置、发动机等部件组成。稻麦联合收获机(大豆收获共用)由自带的发动机提供动力,用于收获大豆的大多为中小机型。

大豆与小麦、水稻收获存在的不同及收获机调整方式:①大豆属蝶形花科大豆属,枝条分布呈扇状,果实是荚形,成熟后更易脱落,脱粒稍有不慎会造成"碎粒"现象。为减少碎粒的发生,要求大豆机收时脱粒滚筒转速低于小麦。②大豆是荚形果实,收割过程中拨禾轮在拨动豆秧时,豆荚易"炸",为减少不必要的损失,应将拨禾轮转速调低,减少对豆荚的打击次数。③大豆的秸秆粗壮,所以对风量的要求更大。④由于豆籽易破碎,当豆荚等杂物通过尾筛进入杂余搅龙进行二次复脱时,若脱

力过大易脱成"豆籽饼"。⑤由于豆籽比麦粒"个头大",所以收割大豆时筛子的调整不同于收割小麦,需将上下筛片的前面和后面开度都调整到最大。

（三）大豆收获注意事项

（1）用联合收获机直接收割大豆的最佳时期是在大豆完熟初期。当大豆豆荚皮干松,籽粒完全变硬,叶片老黄脱落,摇动植株出现响声,籽粒含水率降至18%以下时,及时收获。

（2）大豆收获应安排在早、晚时间收获,同时避开露水时段,以免收获的大豆粘上杂物等导致含杂率提高;也应避开中午高温时间,避免大豆炸荚造成损失。

（3）大豆机械化收获时,要求割茬一般高5~6厘米,要以不漏荚为原则,尽量放低割台。安徽省大豆现行的种植行距为20~40厘米,收获采用"对行尽量满幅"原则,作业时不要"贪宽",收获机的分禾器位置应位于行与行之间,避免收获机的行走造成大豆的抛撒损失。

（4）适当调节拨禾轮的转速和高度,减轻拨禾轮对豆秆豆荚的打击和刮碰。收获的早期豆秆含水率较高,可适当调高拨禾轮转速;晚期豆秆干燥,易出现炸荚现象,拨禾轮转速要调低。要选择合适的挡位,收获机前进速度一般为Ⅱ挡,用无级变速控制大豆喂入量。

（5）作业时,割刀后面可以装挡土板,尽量减少土块进入割台;及时清理割台、凹板或筛面上的泥土。作业质量要求:大豆籽粒损失率≤3%,脱粒破损率≤1%,泥花脸率≤5%,清选后杂质≤2%,脱净率在98%以上,实现大豆高质量低损失收获。

四　大豆全程机械化生产存在的问题

大豆生产机械化的发展,一方面得益于种植区农机装备水平的提高,另一方面得益于科研成果的支撑。由于大豆播种机械、收获机械分别由玉米播种机、小麦收获机械改装而来,使大豆生产装备的发展与农机化发展保持基本同步,同时大豆扩大行距种植、种肥同播、覆秸式大豆免耕播种机等一批科研成果的应用,形成了适宜安徽省的大豆生产机械化技术体系。当前存在的主要问题是装备结构不合理:由玉米播种机改装而来的大豆播种机,虽然对秸秆具有防缠绕功能,但随秸秆处理环节质量的差异使该类机具的作业效果有明显差别。具有主动防缠绕、覆秸式等带秸秆清理功能的免耕播种机在推广中适应性较好,但数量不足;大豆专用收获机具数量较少,而由稻麦联合收获机改装的大豆收获机,作业时不仅损失率高,破碎率也高,降低了大豆产量和商品价值。截至2018年年底,全省大豆生产综合机械化水平达到69.39%,其中,机耕、机播、机收水平分别达到54.03%、79.94%、79.32%。

除此以外,还存在下列问题:

(一)大豆精播机使用范围小

精量播种是大豆播种发展的趋势,大豆精播机有利于精确控制大豆种子从种箱内提取并排出,是具有侧向抛秸、侧向深耕施肥、精量播种和覆土镇压功能的一体机。但由于近几年种植大豆经济效益低等原因,农民种植大豆的积极性不高,导致目前大豆精播机推广范围较小,且较传统播种机价格高。因此,目前仅少数农场和种植大户使用这种机器。

(二)无人机植保技术有待完善

目前,无人机施药在大豆植保方面已得到了普遍应用。然而,在同等喷施面积条件下,植保无人机施药用量较人工背负式喷雾器大。在大豆生长前期,植保无人机喷施除草剂时易喷到大豆叶面上,造成叶片枯萎;在大豆生长后期,叶片生长茂盛,植保无人机施药难以达到植株下部。

▶ 第三节 大豆生产全程机械化解决方案及典型模式

一 黄淮地区麦茬夏大豆全程机械化生产

(一)模式概述

黄淮地区农作物大多为一年两熟,种植作物以冬小麦为主,夏季作

物品种繁多,以玉米、大豆、花生和薯类居多,其中夏大豆种植面积在 200 万公顷左右。该区域小麦收获时产生大量的秸秆,传统播种方式为人工清秸,或旋耕灭茬后借用小麦条播机播种,或人力耧播,现有机械作业模式多为旋耕灭茬播种复式作业,或在小麦低茬收割的同时粉碎抛撒后,再用机械条播,这些落后的播种方式致使适时播种质量难以保证,严重制约了大豆生产水平的提升。

麦茬夏大豆免耕覆秸全程机械化生产技术是指在前茬小麦机械收获并全量秸秆还田的基础上,集成根瘤菌接种、精量播种、侧深施肥、地下害虫防控、封闭除草和秸秆覆盖等单项技术的大豆种植技术体系,有效解决了全量秸秆还田的免耕播种难题。该技术模式应用机械化免耕覆秸播种技术,播种前秸秆转移、在无秸秆的秸区播种、播种后覆盖秸秆。秸秆转移的方式主要有秸秆横向抛撒、秸秆向后输送抛撒及秸秆行间集中覆盖等多种方式。

通过实施麦茬夏大豆免耕覆秸全程机械化生产技术,实现了小麦秸秆的全量还田,解决了播种时秸秆堵塞、麦秸混入土壤后造成散墒、影响种子发芽、秸秆焚烧造成空气污染和有机质损失等长期悬而未决的难题。通过秸秆覆盖,提高了土壤水分利用效率,避免了土壤板结。同时,还集成了多种作业环节,降低了生产成本,实现了大豆生产节本增效。与常规技术相比,应用该技术可增产大豆 10%以上,水分、肥料利用率提高10%以上,增收节支 900 元/公顷以上。

(二)技术路线

小麦机械化收获作业时,秸秆直接全量还田覆盖地表;使用免耕覆秸精量播种机进行免耕播种;播后及时喷施除草剂进行封闭除草;使用高地隙田间植保喷雾机或植保无人机适时进行病虫害防治和化学防控作业;大豆成熟后,适时进行机械化联合收获。技术路线如图4-3 所示。

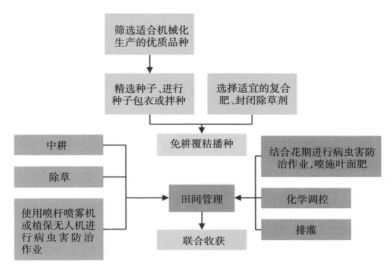

图4-3 麦茬夏大豆免耕覆秸生产模式技术路线

(三)机具配置方案

1.大豆精密免耕播种机具

黄淮区域使用的大豆精密免耕播种机具可以一次性完成深松、旋耕、化肥深施、播种、覆土、镇压等作业。与上述模式配套,依据生产实际情况,推荐使用以下播种机:国家大豆产业技术体系研制的 2BMFJ 系列大豆免耕覆秸精量播种机;农业农村部南京农业机械化研究所研制的 2BYSF 系列全量秸秆覆盖免耕播种机;鑫乐 2BMFD-6/12 型防缠绕免耕起垄播种机;亚奥 SGTNB-220Z 5/9 型旋耕播种机;豪丰 2BMSF-12/6 型旋耕播种机;豪丰 2BMSF-4 型玉米/大豆精量播种机。

2.大豆田间植保机具

依据实际情况,现有的植保机具均可以用于大豆田间植保作业,如华盛泰山 3WP-500G 型高地隙自走式喷杆喷雾机、中农机 3WZG-650 型高地隙自走式喷杆喷雾机、卫士牌 3WPG-600 型高地隙自走式喷杆喷雾机、美诺自走式 3920H 型喷杆喷雾机等。在无人机植保方面,极飞 3-XA-P20-10 型低空农用植保无人机、大成 3WD2-10B 型多旋翼植保无人机、全丰 3WQF120-12 型智能单旋翼悬浮植保机等均可用于大豆植保作业。

3.收获机具

大豆收获优先推荐专用大豆收获机,依据实际使用情况,推荐农业

农村部南京机械化研究所和山东亚丰农业机械装备有限公司联合研制的4LZ-8型大豆联合收获机、4LZ-2型大豆联合收获机。另外,雷沃重工股份有限公司、中联重科股份有限公司、中国一拖集团有限公司生产的稻麦联合收获机配置挠性割台,依据大豆情况调整脱粒清选部件参数,也可用于大豆收获。

二 玉米大豆复合种植全程机械化

(一)播种

(1)4行玉米6行大豆种植模式:4行玉米等行距种植,行距为60厘米,株距为11.8厘米,亩基施45%高氮含硼玉米缓控释肥,或45%高氮含硼玉米专用肥50千克,或总养分36%~38%的有机无机复混肥80千克;6行大豆等行距种植,行距为40厘米,株距约为8.9厘米,亩基施氮磷钾复合肥或大豆专用肥10~20千克。玉米大豆行间距为60厘米,播种选用4行玉米播种机、6行大豆播种机分播,行头统一种植大豆,大豆、玉米均实行种肥同播,有条件的可配置北斗导航辅助驾驶系统,提高作业精准度和衔接行行距的均匀性。图4-4为4行玉米6行大豆种植模式播种作业示意图。

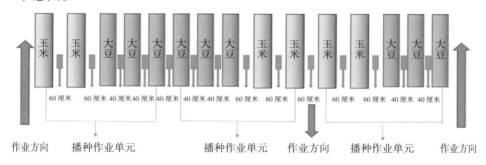

图4-4 4行玉米6行大豆种植模式播种示意图

(2)2行玉米4行大豆种植模式:2行玉米等行距40厘米,株距11.3厘米,亩基施45%高氮含硼玉米缓控释肥,或45%高氮含硼玉米专用肥50千克,或总养分36%~38%的有机无机复混肥80千克;4行大豆等行距35厘米,株距10厘米,亩基施氮磷钾复合肥或大豆专用肥15~20千克;玉米大豆行距60厘米,播种选用6行玉米大豆一体化密植分控播种施肥机(机型DYTB-4-2等)进行混播(两边边行为玉米播种器,中间4行为大豆播种器,往返间距留40厘米),行头统一种植大豆,大豆、玉米均实行种肥同播,有条件的可配置北斗导航辅助驾驶系统,提高作业精准度和衔接行行距的均匀性。图4-5为2行玉米4行大豆种植模式播种示意图。

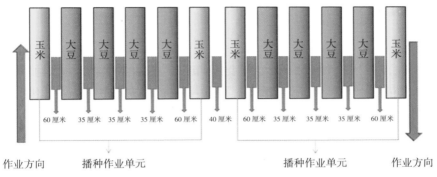

图4-5　2行玉米4行大豆种植模式播种示意图

(二)田间管理

采用自走式分带喷杆喷雾机进行茎叶定向喷雾,或用定向喷头实施人工喷雾。选用玉米、大豆专用除草剂定向隔离除草,要特别做好物理隔离,防止产生药害。水肥管理提倡采用微喷带水肥一体化技术进行灌水、追肥和叶面施肥。大豆、玉米病虫害防治适期一致时,可采用热雾飞防或微雾滴飞防方式进行统一防治;防治适期不一致时,采用微雾滴飞防方式进行防治。应根据带状间作距离对喷头进行适度改进,精准控制喷幅。

(三)机械收获

4行玉米6行大豆种植模式收获:大豆玉米完熟后,选用4行玉米收获机和2.2米宽幅以内的大豆收获机分别进行收获;青贮饲料在大豆鼓粒末期、玉米乳熟末期至蜡熟初期采用4QZ—280青贮饲料收获机同步收获。

2行玉米4行大豆模式:大豆玉米完熟后,选用2.0米宽幅以内的大豆收获机先收获大豆,再选用2行玉米收获机收获玉米;青贮饲料在大豆鼓粒末期、玉米乳熟末期至蜡熟初期采用4QZ-280青贮饲料收获机同步收获。

第五章

油菜生产全程机械化解决方案

油菜是我国播种面积最大、地区分布最广的油料作物。我国油菜按种植时间可分为冬油菜和春油菜。冬油菜主要分布于长江流域,包括长江中下游地区、四川盆地、云贵高原、华南沿海诸省、陕西省关中平原和渭北高原等,其面积约占全国油菜总面积的 85%,安徽、四川、江西、湖南、湖北、江苏为主产区。春油菜则集中在内蒙古、青海、甘肃及新疆地区。油菜作为安徽省第一大油料作物,占全省油料作物种植面积 60% 以上。最新统计数据显示,安徽省油菜种植面积有 550 余万亩,位居全国第五位。安徽位于长江流域油菜主产区,为满足消费者食用优质健康植物油需求和保障国家食用植物油安全发挥了重要作用。

▶ 第一节 油菜种植区域及农艺特点

一 油菜种植区域分布及其种植方式

安徽省油菜种植区域分布如图 5-1 所示。以淮河为界,素有"南油北麦"种植传统,区域特色非常明显。淮河以北地区属于黄淮流域冬油菜区,油菜种植面积较小且比较分散,可作为安徽省扩种油菜的补充产区。淮河以南地区属于长江流域冬油菜区,油菜种植面积较大,是安徽省油菜的集中产区。安徽省长江流域冬油菜区又可分为沿江油菜主产区和江淮油菜扩产区。其中,沿江油菜主产区包括安庆、池州、铜陵、芜湖和马鞍山 5 个地级市,其油菜种植面积占全省油菜种植总面积的 50% 以上;江淮油菜扩产区包括合肥、六安、滁州和淮南 4 个地级市,其油菜种植面积占全省油菜种植面积的 30% 左右。

图5-1　安徽省油菜种植区域分布

　　油菜用途广、轮作方式多样,是长江流域轮作模式下"种地养地"最好的作物,具有榨油、菜用、饲用、肥用、蜜源、观花等多种用途。种植方式有稻-稻-油菜水旱三熟制、早稻-秋大豆-油菜水旱三熟制、稻-油水旱两熟制、棉花-油菜旱地两熟制及花生、玉米(或芝麻或红薯)-油菜旱地两熟制,并与小麦、马铃薯、蚕豆、豌豆进行轮作换茬等。安徽省油菜生产在轮作模式上主要以稻-油菜水旱两熟制为主。

二 油菜的农艺特点

　　油菜为十字花科,芸薹属。主要分为白菜型、芥菜型和甘蓝型 3 类,其中甘蓝型油菜是 3 种油用油菜中籽粒产量最高的种类,也是食用植物油生产最主要的原料,在我国长江流域大量种植。甘蓝型油菜耐寒、耐湿、耐肥,抗霜霉病能力强,抗菌核病、病毒病能力优于白菜型和芥菜型油菜,其主要农艺特点如表 5-1 所示。

　　甘蓝型油菜成熟迟、生育期长,一般在 160~290 天。它的生长主要分

表 5-1　甘蓝型油菜主要的农艺特点

营养器官	根	主根:直播的油菜主根较为发达	
		侧根:移栽油菜的侧根发达,抗旱、抗倒伏能力弱	
	茎和叶	主茎:由胚芽发育而来	缩茎:下部基节处,着生长柄叶
			伸长茎:主茎中部,着生短柄叶,叶面积较大
			薹茎:主茎上部,着生无柄叶,叶面积较小
		分枝:由腋芽发育而来	下生分枝型:下部分枝较多,以白菜型油菜为主
			上生分枝型:上部分枝较多,以芥菜型油菜为主
			匀生分枝型:分枝均匀分布,以甘蓝型油菜居多
	根茎	子叶以下至根开始产生的一段茎,也称幼茎或胚芽。根茎是冬季贮藏养分的重要场所,利于油菜安全越冬,其长短、粗细是衡量苗情的重要标志	
生殖器官	花和花序	两性完全花,为总状无限花序	
	角果	由雌蕊发育而来。油菜叶与角果均为光合器官,两者交替进行。角果皮的光合产物占籽粒重的 40%,这是油菜区别于其他作物的最大特点	
	种子	一般每角果产生 15~20 粒种子,且籽粒大、皮色浅的种子含油量更高	

为苗期、蕾薹期、开花期和角果发育成熟期 4 个周期,如表 5-2 所示。苗期可分为苗前期和苗后期,苗前期(出苗至花芽分化)主要生长根和叶,苗后期(花芽分化至现蕾)兼有花芽分化;蕾薹期主要是指从现蕾(剥开新叶能见到明显的绿色花蕾)到长出初花的这段时间,安徽省冬油菜的蕾薹期一般持续 20~30 天, 在这阶段营养生长和生殖生长会同时进行,是决定油菜胚珠数的关键时期;开花期指从初花到终花的这段时间,需20~30 天,这个阶段是营养生长和生殖生长最旺盛的时期,盛花期后大部分叶片功能会衰退;角果发育成熟期指终花到收获的这段时间,需 25~35

天,这个阶段是角果发育、种子形成、油分累积的过程,是决定油菜粒重的重要时期。根据成熟的程度,这一时期具体又可分为绿熟期、黄熟期和完熟期。

表 5－2　油菜生育期划分

生育期		持续时间	始末标志	生长特点	关键作用	影响生长因素
苗期	苗前期	120～150 天	花芽开始分化之前	营养生长阶段	冬前叶片数决定主茎叶片数,主茎叶片数又对产量起关键作用	(1)温度。种子萌发:16～25 摄氏度,幼苗生长:10～20 摄氏度。(2)水分。种子萌发:田间持水量60%左右,幼苗生长:田间持水量70%左右。(3)光照
	苗后期		花芽分化后至现蕾	以营养生长为主,生殖生长开始出现		
蕾薹期		20～30 天	现蕾至始花	营养生长和生殖生长并进期	搭好高产架子的关键期,要求薹壮枝多、春发稳长	(1)温度:5 摄氏度以上。(2)水分:田间持水量在80%左右。(3)光照
开花期	初花期	20～30 天	全田有 25% 的植株开花	营养生长渐弱,至盛花期停止,生殖生长占主导地位	决定角果数和粒数的关键期	(1)温度:14～18 摄氏度。(2)湿度:空气湿度在 70%～80%。(3)对硼、磷敏感,缺硼导致华而不实
	终花期		全田有 75% 的植株花序凋谢			
角果发育成熟期		25～35 天	终花至角果成熟		决定粒重和含油量的主要时期	(1)温度:15～20 摄氏度,昼夜温差大,有利于油分的积累。(2)水分:田间持水量不低于60%。(3)肥料:氮肥过多或植株倒伏会导致角果晚熟或发生病害,造成秕粒。(4)光照

第二节　油菜生产全程机械化现状及存在的问题

一　油菜生产全程机械化现状

　　长期以来,安徽省油菜生产一直沿袭传统的生产作业方式,机械化作业水平远低于小麦、玉米、花生等主要粮油作物。除耕整地、植保这两个环节机械化程度较高外,油菜种植、田间管理和收获等关键环节主要依靠人工作业完成。最新数据显示(图5-2),油菜生产关键环节机械化水平远低于小麦等主要粮食作物。当前油菜生产综合机械化水平为59.91%,机耕水平为86.64%,机播水平为35.65%,机收水平为48.55%,播种是油菜生产全程机械化的最薄弱环节(图5-3)。而移栽作为油菜种植环节的重要组成部分,面广、量大的移栽作业几乎全部依靠人工完成,用工量大、劳动强度高、生产率低、成本高且效益差。据测算,在油菜生产成

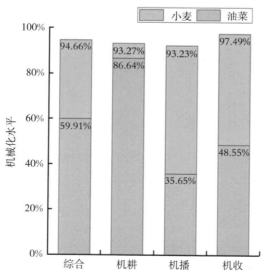

图5-2　2020年油菜与小麦机械化水平对比

本中,劳动力成本占 60%~70%,耗工 6~8 个/亩,劳动力成本为 720~960 元/亩,油菜产量为 175~200 千克/亩,收入为 1 120~1 280 元/亩(按现价 6.4 元/千克),尚未计算种子、化肥等生产资料的投入成本。而发达国家油菜主要生产国(如加拿大、德国等)油菜生产全程机械化作业,每亩用工仅0.6~1.0个。

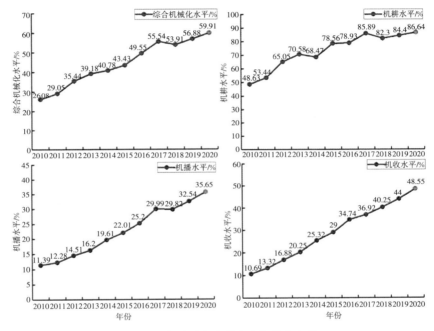

图5-3　全国历年油菜生产机械化水平

二 存在的主要问题

(一)机械化水平低,装备可靠性低、适应性差

油菜生产机械化水平低,劳动力成本高,导致种植效益低,农户种植意愿不强,制约了油菜生产的发展。近年来,通过国家重点研发计划、国家科技攻关、安徽省科技攻关等项目,研究开发了油菜直播机、油菜分段收获机、油菜联合收获机等,一定程度上突破了油菜机械化种植和收获两个关键环节的难题。但总体来看,现有机械装备在关键性能指标、可靠性和适应性等方面还不能较好地满足实际生产要求。例如,油菜直播机精量播种的均匀度较差;分段收获机输送过程中的震动引起炸荚损失;

联合收获机的损失率和含杂率高;移栽机作业效率低,钵体苗与裸根苗不能同时兼顾等。

(二)品种培育技术与农机技术适应性分离

过去油菜育种的目标是致力于优质高产和杂种优势利用,在指标上追求"双高(高油酸、高亚油酸含量)"和"双低(低芥酸、低硫代葡萄糖苷含量)",没有考虑对机械化作业的适应性。例如,移栽的油菜由于株型大、主茎粗、分枝多且角果易开裂,给机械化收获带来很大困难。油菜品种、种植密度、播种期和田间管理与适合机械化作业技术均有直接关系。目前,安徽省尚未进行品种选育、种植技术和机械装备技术多方面一体化研究,未做到全面协调解决油菜生产全程机械化问题。

(三)油菜生产全程机械化技术路线模糊

目前,我国油菜种植制度多样,缺乏规范化栽培制度;生产手段和经营方式滞后,缺乏与现代生产手段相适应的集中成片种植和规范化管理。同时,油菜种植前期准备工作(如选种、育种、耕整地)、播种过程、田间管理、机械化收获等多个环节缺乏规范化管理。一方面,在机械种植方式上注重机械直播,忽视了当前面广、量大的机械移栽;另一方面,在机械收获方式上注重联合收获,忽视了具有适收期相对较长等多方面优越性的分段收获。此外,油菜产业目前尚未建立规范化的油菜生产标准化管理体系,导致油菜生产各种机械化技术的应用与推广面临困难,造成油菜品种平均单产不高。

▶ 第三节 油菜生产全程机械化解决方案及典型模式

油菜生产全程机械化涉及秸秆处理、耕整地、种植、植保、收获、烘干等关键环节,由于受农户种植习惯、机械化生产水平不高、前茬秸秆处理方式不同、机具组配动力不足等多方面制约,结合当前安徽省油菜生产过程中常用的机械化手段,拟定了稻-油轮作典型模式下油菜生产全程机械化技术路线,如图5-4所示。

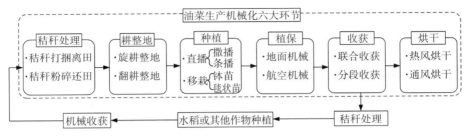

图5-4 油菜生产全程机械化技术路线

一 前茬作物秸秆处理

(一)技术简介

前茬作物的秸秆处理是油菜生产全程机械化的基础,前茬水稻通过不同机型联合收获机收获后(图 5-5 为水稻半喂入式收获机,图5-6 为水稻全喂入式收获机),田间会有留茬和秸秆。留茬分标准留茬和非标准留茬,秸秆处理方式有秸秆切碎还田和打捆离田等。

图5-5 水稻半喂入式收获机

图5-6 水稻全喂入式收获机

(二)技术要点

1.稻茬油秸秆机械化还田工艺流程

图 5-7 为秸秆还田、大田耕整流程图。

2.标准留茬

收割时留茬高度要在 15 厘米以下,且秸秆切碎长度在 10 厘米左右并均匀抛撒田中。可用 90 马力以上的拖拉机配套正旋耕机,纵、横向各耕 1 遍;或者用图 5-8 所示的反旋耕灭茬机埋茬,图 5-9 为前茬水稻反旋耕作业将田地整平。

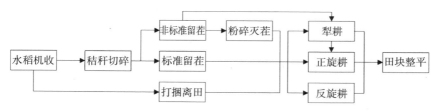

图5-7 秸秆还田、大田耕整流程图

图5-8 反旋耕灭茬机

图5-9 前茬水稻反旋耕作业

3.非标准留茬

收割时留茬较高,秸秆很难切碎,铺撒在田间不均匀且呈堆状。针对这种情况,利用图5-10所示的秸秆粉碎灭茬机配套100马力以上的拖拉机对秸秆进行粉碎灭茬;也可用95马力以上的拖拉机配液压翻转犁或者圆盘犁进行深耕埋茬晒垡3~5天,然后再正旋耕2遍,将大田整平。图5-11为秸秆粉碎灭茬机在田间作业。

图5-10 秸秆粉碎灭茬机

图5-11 秸秆粉碎灭茬作业

4.打捆离田

在油菜播种前,可用搂草机将秸秆搂起,然后用打捆机打捆离田。图5-12 为打捆机在田间进行打捆离田作业。

图5-12 机收打捆离田作业

5.作业要求和标准

(1)在进行秸秆粉碎旋埋(或翻埋)还田作业时,如遇干旱少雨季节,旋埋(或翻埋)还田作业后应增加镇压环节。

(2)机具应低速驶入大田地头开始作业,速度以Ⅱ挡为宜,在不影响作业质量的前提下,可适当提高作业速度,纵、横向各耕地 1 遍,确保作业质量。

(3)水稻秸秆粉碎旋埋(或翻埋)还田机械化技术质量指标:秸秆切碎长度≤10 厘米,秸秆粉碎长度合格率≥85%,漏切率≤20%,翻埋深度≥20 厘米,旋埋深度在 7~15 厘米,翻埋(或旋埋)合格率≥80%。

(4)打捆机作业标准:总损失率≤3%,成捆率≥99%,规则成捆率≥99%,抗摔率≥90%。

(三)注意事项

(1)提升配套动力。在选配拖拉机时,尽量购买动力大一点的机具,以确保耕整地作业时机械动力储备能够满足作业要求,提高作业效率。

(2)起步作业要平稳。机械启动时应待发动机达到额定转速后方可进行作业,避免因突然接合、冲击负荷过大造成动力输出轴和花键套损

坏或堵塞;机械的升降不宜过快、过高或过低,以免损伤机车和机械。

（3）及时清除杂物。作业中要及时清除缠草,不能拆除传动带防护罩作业,清除缠草或排除故障时必须停机。

（4）预留行走地带。地头留 3~5 米的机组回转地带。机组转移时,必须停止刀轴旋转。

（5）注意人身安全。机械作业时,严禁带负荷转弯或倒退,严禁机具运转时前后近距离站人,以免抛出的硬杂物伤人;秸秆切碎器后严禁站人;切碎器未停止转动前,严禁维修调整。

（6）及时维护保养。作业中应随时检查皮带的张紧程度,以免刀轴转速降低而影响粉碎质量或加速皮带磨损;检查各运转部件是否缺油、连接部位是否松脱等,做到及时维护保养。

二 油菜生产耕整地技术

（一）技术简介

油菜生产耕整地机械化技术是指在前茬秸秆处理的基础上,应用相应耕整地机械进行耕地、整地作业,达到油菜待播（栽）土壤要求的机械化技术。耕整地方式有免耕、正（反）旋耕和犁耕等。

油菜大田耕深 20 厘米左右,深浅一致,翻垡良好,地表植物残株覆盖严密,无漏耕、重耕。整地要求平整松碎,地表无杂草,墒情好,上虚下实,底肥覆盖严密。开沟做到厢沟、腰沟、围沟配套。地势高、排水良好的土地,一般厢宽 300 厘米左右,沟深 20~25 厘米;地势低、地下水位高、排水差的土地,一般厢宽 250~300 厘米,沟宽 33 厘米左右,要求沟型笔直,厢沟沟底长度方向稍带坡度,两头偏低,腰沟、围沟比厢沟深 3~5 厘米,以便排水。

（二）旋耕作业

目前,安徽省常用的旋耕机械有旋耕机、反转灭茬旋耕机等,图5-13 是广泛使用的旋耕机。普通旋耕机作业效率高,能完成旱旋耕作业和水旋耕作业,如图5-14 所示。反转灭茬旋耕机碎土、埋茬性能好,能够将秸秆的根茬覆盖于耕作层下部,还田效果较好。

图5-13　旋耕机

（a）旱旋耕作业　　　　　　　　　　（b）水旋耕作业

图5-14　旋耕作业

1.旋耕机

旋耕机主要由刀轴、刀片、悬挂架、齿轮箱、挡泥板及平土拖板等部件构成。旋耕机的刀片通过刀柄插在刀座中，再用螺钉紧固。刀片类型有凿形、弯形和直角形3种。弯形刀又称弯刀，有左弯和右弯两种，这种弯刀在滑切过程中易将杂草切断，若切不断也易于滑脱，故缠草较少且耕作负荷均匀，是目前国产旋耕机上普遍采用的刀型。

旋耕机与拖拉机的连接方式有悬挂式和直连式两种。悬挂式连接旋耕机与拖拉机的传动方式有中间传动式和侧边传动式两种；直连式一般在手扶拖拉机上使用，又称手拖旋耕机。

2.反转灭茬旋耕机

反转灭茬旋耕机如图5-15所示，主要部件有万向节总成、齿轮箱总成、刀轴总成、机架和罩壳挡草栅，其工作原理是将发动机产生的功率由动力输出轴、万向节总成传至反转灭茬旋耕机中间齿轮箱中，通过中间齿轮箱中一对锥齿轮减速并改变方向，再由半轴传递到侧边齿轮箱，最

终将动力传至刀轴,驱动刀片快速旋转,刀轴旋转方向与拖拉机前进方向相反,作业情况如图 5-16 所示。

图5-15　反转灭茬旋耕机

图5-16　反转灭茬旋耕机作业

3.技术要点

根据田块地形、土壤等条件,合理选择旋耕作业路线;斜坡地块耕作方向应与坡向垂直,尽可能水平耕作;前茬作物收后应适时灭茬,在宜耕期(土壤绝对含水率为 15%~25%)内耕整作业。稻茬油菜在墒情适宜后立即播种,防止跑墒;旋耕耕深一般为 15 厘米左右,耕幅一致,耕地到边到角,无漏耕、重耕现象,地头整齐。耕深稳定性在 85%以上,秸秆覆盖率在 70%以上,碎土率达 50%,耕后地表平整度不超过 5 厘米。

三　油菜种植机械化技术

(一)技术简介

油菜种植机械化技术目前有 3 种:机械化直播技术、撒播机开沟覆盖技术和油菜毯状苗高效移栽技术。

1.油菜机械化直播技术

用动力机械配套播种机械,一次性完成旋耕、施肥、播种、开沟、覆土等工序。此技术适用于安徽省江淮或沿江流域地区,具有省时、省力、效率高等特点,适用规模化油菜种植。

2.油菜撒播机开沟覆盖技术

用人工或机械施肥、撒播种子,然后用动力机械配套开沟机,开沟覆土完成种植工序。此播种技术适用于安徽省沿江江南地区。

3.油菜毯状苗高效移栽技术

通过药剂拌种、精量播种和精细管理培育,把油菜种子育成高密度毯状苗,然后进行机械化高效移栽。利用该技术可一次性完成开沟、取苗、栽插、覆土、镇压等作业工序,可有效解决多熟制区域茬口衔接矛盾突出,以及不具备直播条件的地区油菜生产问题,在长江中下游具有广泛的推广应用前景。

(二)配套机具

油菜播种一般在水稻等秸秆还田或秸秆离田条件下进行,秸秆处理的效果如何将直接影响油菜播种的质量。除拖拉机外,涉及油菜播种环节的装备主要有开沟机、油菜播种机、油菜毯状苗移栽机。以下仅介绍常用设备。

1.油菜直播机

油菜直播机按排种器分类,一般分为机械式直播机和气力式直播机。机械式油菜直播机一般由旋耕机、机械式排种器、开沟器、种子箱、输种管、传动机构、调节机构、排肥器、输肥管等组成,如图5-17(a)所示。机械式直播机工作时,种子箱里的种子通过自重充入排种器型孔轮中的窝眼里,排种轴驱动型孔轮转动,这样充入窝眼中的种子就会跟随孔轮转动,然后靠自身的重力或在刮种片的作用下经输种管落入种沟内,完成播种。气力式直播机又称精量直播机,与机械式直播机相比,最大的不同在于排种器上增设了高速风机及气力管道,其他部分与机械式直播机相同,如图5-17(b)所示。气力式直播机工作时,由高速回转的风机产生负压,通过气力管道将负压传给排种单体的真空室。排种盘回转时,在真空室负压作用下吸附种子,并随排种盘一起转动。当种子转出真空室后,不再承受负压,再用高速风机产生的正压将种子吹送至输种管,进而通过自重下落到种沟内,完成播种。气力式直播机播种与机械式直播机播种的共同点在于,都是将种子箱里无序堆积的种子群变成有序种子流,实现量化播种。两者的不同点:机械式直播机排种技术简单,但播种小粒径油菜种子易存在种子破损且播种量难以实现精量控制;而气力式直播机排种技术复杂,但较好地克服了机械式直播机排种技术的缺陷。

（a）机械式油菜直播机

（b）气力式油菜直播机

图5-17　油菜直播机

2.油菜毯状苗移栽机

油菜毯状苗移栽机如图5-18所示,利用它可同时完成开沟、移栽、覆土和镇压等一系列作业,实现油菜毯状苗高效移栽。目前,油菜毯状苗移栽机采取的是将油菜苗移栽装置与水稻高速插秧机的移栽装置进行互换,从而实现水稻高速插秧机的一机多用,提高机器的利用率和用户收益。

图5-18　油菜毯状苗移栽机

（三）技术要点

1.机械直播技术要点

（1）机械直播工艺流程如图5-19所示。

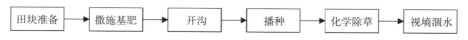

田块准备 → 撒施基肥 → 开沟 → 播种 → 化学除草 → 视墒洇水

图5-19　机械直播工艺流程

（2）种子准备。选用耐密植、株形紧凑、下位分枝少、结角相对集中、成熟期基本一致、抗倒伏的、适宜机械化收获的油菜品种。播种前，应晒种4~6小时；用药剂拌种，拌后要及时晾干。

（3）机具选型。依据配套动力选择4~8行、行距为30厘米、播深5~20毫米和亩播量大小可调的多功能复式精量播种机。

（4）播前调试。将油菜播种机与相配套的拖拉机挂接好，在播种箱和施肥箱内分别装满种子和肥料，选择适宜播量、施肥量，调节好种子、肥料手柄至相应刻度，以二挡速度驶入田中。行驶一段距离后，停机检查各个播种箱播种刻度线是否一致、施肥箱内排出的肥料是否均匀一致。若不均匀，要检查风机各连接口是否漏气、播种盘上的孔眼是否堵塞等，调至均匀一致、播量适宜后，再开始播种。播种量大小可通过播种调节手柄、改变齿轮啮合比和发动机转速比来调节，肥料多少通过调节手柄调试。

（5）操作技术要求。要根据地块大小和形状选择最佳行走路线和播种方法；播种应下种均匀，无明显断条，行进方向尽量笔直，播深1~2厘米。作业中不能随意停机，播种机未提升起来时不能倒退。注意机具转弯时不播种，转弯不宜过急。

（6）适时播种。江淮地区油菜的最佳播种期为每年9月20日—10月15日。

（7）适宜播量。秸秆全量还田的地块，亩播量为250克，合理密植以1.8万~2.2万株/亩为宜；随播期推迟，播种量相应增加，合理密植2.0万~2.5万株/亩为宜。

2.撒播机开沟覆盖技术要点

（1）撒播机开沟覆盖工艺流程如图5-20所示。

田块准备 → 撒施基肥 → 撒播种子 → 开沟覆土 → 化学除草 → 视墒润水

图5-20　撒播机开沟覆盖工艺流程

（2）重施基肥。亩施三元复合肥30~50千克、尿素5~8千克、硼砂0.5~1千克为宜，均匀施撒于稻茬田表面。

（3）适时早播，合理密植。油菜播种时间和播种量及种植密度与机械直播相同。

（4）种肥混合撒施。将油菜种子与三元复合肥拌匀，均匀撒播，撒播要求到边到角，无明显漏撒。

（5）开沟与覆土。土壤湿度在30%左右（抓一把土，用力手握成团、松手落地散开）时为最佳作业期。开沟时，一般畦面宽140厘米、宽20厘米、深15厘米，沟土均匀抛撒覆盖在畦面（盖住种子和肥料），覆土厚度1~2厘米，覆土均匀，开沟要做到沟底平整、沟壁坚实、三沟相通，方便排灌。如图5-21为两种撒播开沟作业方式。

（a）撒播小马力机开沟作业　　　　　　（b）撒播大马力机开沟作业

图5-21　撒播开沟作业

3.油菜毯状苗高效移栽技术要点

（1）油菜毯状苗高效移栽工艺流程如图5-22所示。

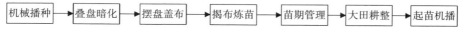

图5-22　油菜毯状苗机械化育苗移栽工艺流程

（2）育栽时间。适宜育苗时间为9月10日—10月10日；适宜移栽时间为10月10日—11月10日。

（3）苗质要求。苗龄25天左右时，需要查看苗情（图5-23），若已在3.5~4叶期，苗高8~13厘米，苗根发育良好，密度高呈毯状（图5-24），提起不散，此时适宜起苗机插。

（4）耕整地标准。在油菜苗移栽前，尽量做到每畦的表土相对平整、密实、无大量秸秆，畦面宽180~200厘米，沟宽30厘米、深20厘米；围沟宽30厘米、深25厘米；腰沟深20~25厘米。做到沟沟相通、雨止即干。

（5）机具调试。在栽插前，要进行机具的调试。先装上秧苗，将株距和取苗量分别调至相应的挡位，接合栽插离合器手柄，进行试插。作业速度控制在1米/秒以内，株距14~22厘米，栽植深度为1.5~5厘米，每穴切块保持 1~2 株苗为宜。苗质好的可用 18~22 厘米株距栽插。苗质较差的可用 14~16 厘米株距栽插,依此标准调试好机具,开始栽插,每穴 1~2 株,确保每亩的基本苗数达到标准(图 5-25)。

图5-23　起苗前查看盘根情况　　　图5-24　油菜毯状育苗

图5-25　安装油菜栽插装置

（6）移栽密度。采用标准株距 16 厘米栽插。根据苗质调整株距,应保持亩插苗 14 000 穴,漏插率≤20%,立苗率≥60%,每亩成活基本苗 8 000~12 000 穴。

四　油菜植保机械化技术

（一）技术简介

油菜植保机械化技术主要指油菜在不同的生长时期受到病虫草害

时采用机械进行防治的技术。安徽省应用于油菜植保的机械可分为地面植保机械和航空植保机械。地面植保机械主要包括背负式动力喷雾机械、担架式喷雾机械、自走喷杆式喷雾机械,航空植保机械多为植保无人机。采用植保机械化技术使施药更精准、均匀,穿透力强,灭杀面积集中,作业效率高,可以有效减少用药次数和用药量,降低农药残留,符合农业绿色防控、保护环境的要求。

(二)技术要点

1.药剂药械的选型

油菜在生长过程中会受到不同病虫草等危害,抓住关键的防治时期和选择正确的药剂药械进行防治十分重要。防治时期要以当地农业植保部门发布的病虫草害信息为准;药剂的选择应以绿色、环保、高效、低量为原则;药械应根据田块大小、不同生长时期及危害程度等来选择。

2.病虫草害防治要点

(1)草害防治。油菜种植多以稻田为主,适宜的土壤环境(湿度较大)有利于多种杂草生长,其中危害较重的杂草主要是看麦娘、猪殃殃、牛繁缕、稻搓菜、婆婆纳等。在油菜生长过程中要对草害进行预防:一是土壤封闭,在油菜播种后或移栽前,对大田土壤进行封闭处理,预防和减少杂草萌发;二是当油菜生长到4.5~6叶期,视田间杂草情况进行化学除草,可采用动力喷雾机械(图5-26)、自走喷杆式机械(图5-27)或植保无人机施药防治。

图5-26　动力喷雾机械　　　　　图5-27　自走喷杆式机械

(2)病害防治。病害防治首先要采用抗、耐病害的品种,同时采取药剂拌种,培养健壮、无病害的秧苗。其次,油菜在生长过程中的病害主要以菌核病为主,如图 5-28 所示。油菜菌核病又名油菜菌核软腐病,主要损害油菜的茎、叶、花和菜荚,以茎秆受害损失最大。油菜在开花结荚时,经常一株一株发病枯死,剥开下部茎秆,里面有许多像老鼠屎一样的菌核。苗期发病,先从幼苗的基部发生软腐,以后扩展到全苗,叶片变青灰色似烫伤状糜烂,常常引起油菜成团枯死或整窝枯死;成株期发病,茎秆受害后,病部涌现淡黄褐色水渍状病斑,茎秆表皮破裂像麻丝,后期病秆糜烂成空心,并生有白色菌丝和鼠屎状菌核。油菜籽受病害会褪色变白,种子瘦瘪,无光泽。防治时期在早期初花和盛花期,此时油菜生长旺盛、分枝快、主茎秆高,不适宜用背负式动力喷雾机械或担架式喷雾机械施药防治,应采用植保无人机飞防。图 5-29 为用植保无人机针对油菜菌核病进行施药防治。

图5-28　油菜菌核病　　图5-29　植保无人机防治油菜菌核病

（3）虫害防治。油菜在生产过程中的主要虫害有蚜虫、菜青虫和猿叶甲等,其中蚜虫危害最重,如图 5-30 所示。如果防治不力,可引起油菜产量20%~30%的损失。蚜虫多密集在油菜叶背、茎枝和花轴上刺吸汁液,损坏叶肉和叶绿素,造成苗期叶片受害卷曲、发黄,植株矮缩,生长迟缓,严重时叶片枯死。油菜抽薹后,多集中损害菜薹,形成"焦蜡棒",影响开花、结荚,并在嫩头枯焦苗期至初蕾期易受到菜青虫及蚜虫危害,结荚期至果荚成熟期易受到蚜虫危害,可采用植保无人机飞防。图 5-31 为采用植保无人机施药对油菜虫害进行防治。

图5-30　油菜蚜虫害　　　　　图5-31　植保无人机防治油菜虫害

五　油菜收获及秸秆处理机械化技术

（一）技术简介

目前,油菜机械化收获技术主要分为分段收获和联合收获两种。

油菜分段收获是一种先割晒再捡拾、脱粒的收获方式。在油菜的角果成熟前期,大约八成熟时,人工将油菜割倒,铺放于田间,晾晒至七八成干时,把经改装的联合收获机开到油菜田里缓慢行走,由人工捡拾已晾晒好的油菜植株,均匀喂入收获机的割台里,实现油菜的脱粒、清选和秸秆粉碎还田。这种收获方式与传统的人工收获工序类似,利用了作物的后熟作用,可以提前收获,延长了收获期,因而对收获时机要求不太严格。又因为摊晒数日,油菜籽因后熟而饱满,易于脱粒。但分两道工序,所需工时较多,生产率较低,劳动强度大。

油菜联合收获是采用联合收获机一次性完成油菜的收割、脱粒、茎秆分离、油菜籽清选等作业。目前,常用的机型是油菜专用联合收获机和改进后的稻、麦、油兼用型联合收获机,如图5-32所示。应用联合收获技术可大大提高工作效率,降低劳动强度及灾害天气的抢收、抢种,有利于油菜秸秆的直接还田。

（二）配套机具

1.油菜收获机

根据油菜收割方式不同,油菜收获机一般分为两种:一种是油菜联合收获机,另一种是油菜捡拾脱粒收获机。

油菜联合收获机是对稻麦联合收获机切割传动系统及割台进行改

进,在原水稻联合收获机上添加了1套竖刀分禾切割装置、二次回收装置及割台挡板,并对割台、脱粒、清选、输送等部分进行必要的改进后,使其具有油菜收获的功能。所有履带式全喂入水稻联合收获机都可通过改装实现油菜收获功能,如图5-33所示。

图5-32 联合收获机田间作业

油菜捡拾脱粒收获机是在原水稻联合收获机的割台前添加了1套捡拾器,并对割台、脱粒、清选、输送等部分进行必要的改装后,使其具有油菜捡拾脱粒功能,如图5-34所示。

图5-33 油菜联合收获机　　　　　图5-34 油菜捡拾脱粒收获机

2.油菜割晒机

油菜分段收获包括割晒和捡拾脱粒两部分,割晒机一般包括立割部件、水平割刀、横向输送机构、机架、动力输入皮带轮、摆环机构、拨禾轮等部件。

割晒机工作时,通过机架挂接在联合收获机前面,动力由联合收获机动力输出经动力输入皮带轮、摆环机构驱动水平割刀做水平往复运动,水

平割刀通过销连接驱动立割部件做竖直往复运动。动力输入皮带轮通过中间的传动箱驱动横向输送机构运动。割晒机在田间行进时，割晒机前方的油菜被水平割刀切割，在拨禾轮的作用下，已割的油菜与未割的油菜分离，同时将已割的油菜推向割台，在横向输送机构的作用下，倒向割台的油菜向出口输送，在出口顺利排出。

油菜割晒机每小时收割 3~6 亩，是人工收割效率的 20~30 倍。用油菜割晒机将作物割断后，在田间摆放成首尾相搭接的"顺向条铺"，此过程利于晾晒和后熟，再与装有捡拾装置的联合收获机配套使用，进行捡拾—脱粒—清选的联合作业。油菜割晒机及其作业现场分别见图 5-35 和图 5-36。

图5-35 油菜割晒机   图5-36 油菜割晒机作业现场

3. 油菜捡拾脱粒机

油菜捡拾器是将晾晒的油菜捡拾起来喂入收获机内进行迅速脱粒的必备的捡拾工具，适用于各种全喂入式收获机。油菜捡拾脱粒机由仿形地轮、从动辊轴、尼龙弹性输送拨齿、中辊轴、动力传动换向机构、主动辊轴、喂入导板、割台喂入装置、行走底盘、机架、脱粒装置、分离清选机构等部件构成，如图 5-37 所示。拾禾（捡拾）时，联合收获机割台处的搅龙传动轴带动主动辊轴转动，经主动辊轴上的皮带轮（链轮、链条）带动被动辊轴一起转动，通过动力传动换向机构使齿带逆前进方向回转，尼龙弹性输送拨齿将油菜挑起送入割台，由橡胶履带自走式稻麦联合收获机原有的脱粒装置完成油菜拾禾后的油菜脱粒作业。

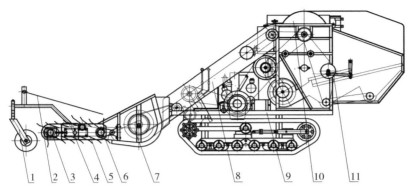

1.仿形地轮　2.限位钢条　3.从动辊轴　4.尼龙弹性输送拨齿　5.齿带　6.挂接装置
7.中辊轴　8.动力传动换向机构　9.主动辊轴　10.喂入导板　11.割台喂入装置

图5-37　油菜捡拾脱粒机的构成

(三)技术要点

1.联合收获技术

(1)掌握好待收割油菜的成熟度,油菜成熟率应在85%~95%。油菜茎秆和果荚呈枯黄色时,即可用收获机收割。若用手指能将果荚捏开,油菜籽呈乌黑色,这时收获最佳。

(2)正确掌握发动机转速。为使收获机保持最佳使用效果,发动机应在额定转速下工作,以避免割台搅龙、输送槽、脱粒滚筒、出谷搅龙等部件堵塞。在作业中,要保持油门转速稳定,当割到田头时,应用中大油门使发动机继续运转20秒左右,让机器内的油菜脱粒完、清选干净、油菜茎秆排出后,再降低发动机转速。正确掌握割幅宽度。收割机满负荷作业,可提高作业效率。但是,在作业中农机手要根据油菜长势及田中行走的条件等情况改变割幅的宽度,使收获机作业保持连续性。一般情况下,应当尽量在全割幅状态下工作。对于产量高、秆高枝茂的油菜,收获时用70%~80%的割幅作业;对于油菜长势差、茎秆矮小、分枝少的油菜,可满割幅作业,以免增加油菜籽的损失。

(3)正确掌握割茬的高低。割茬高低不仅影响收获作业的质量、生产效率,而且对随后的田地翻耕质量有较大的影响。割茬高有利于提高生产效率、减轻收获机工作部件的负荷。但是,割茬高不利于以后的翻耕,同时对分枝低的油菜造成浪费。割茬过低,割刀容易"吃泥土",损坏部

件,影响作业效率,增加收获机的负荷。一般割茬高度应选择 10~30 厘米。作物直立,切割线以上无杂草,可在油菜籽粒含水率 20%~30%时收获,以减少油菜籽的损失。

(4)作业质量:

①切割、脱粒干净,总损失率<8%;

②破碎率≤0.5%;

③含杂率≤5%;

④割茬高度在 10~30 厘米;

⑤粉碎秸秆长度≤25 厘米,且均匀抛撒。

联合收获方式适用于密度大、高节位分枝、果荚紧、成熟度一致的油菜品种。油菜联合收获机及其作业现场如图 5-38 所示。

(a)油菜联合收获机　　　　　　　(b)作业现场

图5-38　油菜联合收获机及其作业现场

2.油菜分段收获技术

(1)油菜分段收获工艺流程如图 5-39 所示。

图5-39　油菜分段收获工艺流程

(2)适时收获,及时脱粒。油菜全田 80%角果呈黄色时适宜收获。要力争做到"四轻",即轻割、轻放、轻捆、轻运。应做到边割、边捆、边堆,以防裂角落粒。收获后的油菜及时堆垛,以减少损失。分段收获方式适用于密度小、株型高、低节位分枝、成熟度不一致的油菜品种。

(3)用于油菜分段收获的联合收获机作业时,应将联合收获机割台部分换成拣拾器,同时要更换凹板网筛、调低清选风扇的风速、调小脱粒滚筒与凹板之间的间隙。油菜收获作业如图 5-40 所示。

图5-40 油菜收获作业

3.油菜秸秆还田机械化技术

(1)秸秆处理。油菜收获时留茬高度应小于 15 厘米;若机收时未进行秸秆粉碎,则应增加 1 次秸秆粉碎作业或将秸秆打捆移出大田。所用机具作业如5-41 所示。

(2)旱耕水整。在适宜的土壤含水率情况下,可采用正(反)旋、浅耕方法灭茬,其中反旋灭茬方法较好。作业时,

图5-41 用机具将油菜秸秆粉碎还田

要控制耕深在 12~18 厘米,做到耕深稳定、残茬覆盖率高、无漏耕等现象。所用机具和作业情况如图 5-42 所示。

(3)水耕水整。浅水灌入田块,浸泡后进行水整。也可在旱耕后晾土至适度,再上水浸泡后水整。水整可采用水田秸秆还田机、水田埋茬起浆机等设备。在水整时,应注意控制好适宜的灌水量,既要防止带烂作业又要防止缺水僵板作业,还要防止泥脚深度不一和埋茬再被带出地表。所用机具和作业情况如图 5-43 所示。

(a)旋耕机　　　　　　　　　　　　（b)正旋耕及整平作业

图5-42　旋耕机和正旋耕及整平作业

(a)水田埋茬起浆机　　　　　　　　（b)水田埋茬起浆作业

图5-43　水田埋茬起浆机和水田埋茬起浆作业

4.注意事项

(1)把握关键点。合理确定油菜最佳收获时机,调试好收获机,是实现油菜机收质量的关键点。

(2)增施氮肥。秸秆还田时,一定要增施一定量的氮肥,防止秸秆在腐解时与下一茬农作物争抢氮,影响生长。

5.不同收获方式之间主要技术指标的比较

考核一种油菜收获方式是否有优势,要综合衡量其损失率、作业效率、作业成本和劳动强度等多个因素。

人工收获的整个收获过程要经过割、捆、运输、晒、脱粒(碾打)、分离、清选等多个环节,作业环节越多则作业效率越低、劳动强度越大,1个壮劳力1个工日收获面积不到1亩。每个作业环节都会造成油菜损失,在脱粒、清选过程中损失尤为突出。无论是人工碾打还是采用脱粒机脱粒,分离、清选都不是很彻底。人工收获损失率一般在10%以上。雇请人工作业每标准亩费用一般在 50 元以上。

机械分段收获作业环节相对较少,脱粒清选干净,总损失率较低,通常在 5% 以内。机械脱粒清选效率很高,采用品牌联合收获机每小时可作业 3~5 亩。缺点:脱粒清选时所需劳动力较多,机手及辅助人员一般在 5 人以上(其中捡拾及喂入人员不少于 4 人);破碎率较高,一般不低于 1%。联合收获机作业每标准亩收费一般在 30 元左右,分段收获全过程每标准亩费用在 50 元左右,略低于人工作业的成本。机械联合收获一次性完成割、脱粒、清选等环节,减少了作业工序,提高了作业效率。用改装后的稻麦联合收获机和油菜专用联合收获机收获油菜的效果相差很大。采用经改装的稻麦联合收获机收获油菜,割幅宽、速度快,每小时可收割 3~5 亩,但损失率很高,总损失率一般在 10% 以上(割台损失占 1/2 以上),菜籽的破碎率也较高,破碎率大于 1%。采用履带式油菜联合收获机或多功能联合收机收割油菜,收割质量较好,劳动强度低,辅助人工少,每小时可收割 2~3 亩,清洁度不低于 96%,破碎率小于 1%。其不足是损失率仍然比分段收获高。油菜收获时机不易把握,每季的作业时间有限,机械的投入成本较大。

六 油菜籽烘干机械化技术

(一)技术简介

油菜的品种不同,其油脂含量略有不同。油菜是中国主要的油料作物和蜜源作物。就目前现状,一次性收割油菜,其籽粒含水率普遍偏高,极易发生霉变,应在收获的同时采用烘干机及时烘干,条件不具备的地区应及时利用晒场摊晒,以防霉变。分段收获的油菜,其籽粒含水率普遍比一次性机收的要低,对于田间晾晒充分、含水率低于 10% 的油菜籽,可以不再烘干和摊晒。当机收油菜籽含水率降至 8%~10% 后,应及时进仓单独贮藏(袋装存放或散装存放)。油菜籽烘干机械化技术是以机械为主要手段,采用相应的工艺和技术措施,控制温度、湿度等因素,适当降低油菜籽含水率,在不损害油菜籽品质的前提下,达到国家安全贮藏标准的干燥技术。

目前广泛采用的干燥方式是加热干燥,干燥设备按介质温度和干燥

速度分,有低温慢速通风烘干机和高温快速烘干机两类,安徽省应用的主要是低温循环式烘干机。

(二)配套机具

国内干燥设备主要有连续带式烘干机、气流式烘干机、高压电场烘干机、红外线式隧道炉或回转滚筒烘干机、热风循环式烘干机和真空烘干机等。常用烘干机如图 5-44 所示。

(a)连续带式烘干机　　　　　　(b)气流式烘干机

图5-44　常用烘干机

(三)技术要点

1.合理选择场地和烘干机

烘干厂房应交通方便、具有一定规模和良好的通风条件,且地面宽敞并硬化、距离动力电源及储藏库位置较近,在连续阴雨天、夜间都能进行烘干作业。应按照油菜种植规模及周边可能具有的烘干需求,合理选择烘干机的大小及性能参数。

2.燃料选用

根据当地条件,尽可能采用天然气或者秸秆、稻壳、废柴等生物质能源及焦煤作为燃料的烘干机,以利于降低烘干作业成本。

3.烘干机安装与调试

按照烘干机生产厂家的要求,由专业人员对烘干机进行安装,安装好后再进行调试。启动烘干机后,首先让其空机运转,同时检查烘干机各个部件的运转情况,确定正常无误后,放入油菜籽进行烘干作业。

4.操作人员培训

生产企业结合农机安全生产和操作技术规程,要对烘干机用户或操作人员进行专业的技术培训,提高其操作技能。

5.烘干技术要求

（1）油菜籽装仓应合理，不宜过满。

（2）应当根据油菜籽含水率情况选择烘干工艺和温度，并按照烘干机使用说明书进行烘干作业。

（3）烘干机接通电源后，电压应控制在规定范围内；在烘干过程中，要定时巡查烘干机各个部件工作是否正常、有无异味。

（4）不同品种的油菜籽，要分开烘干。相同品种的油菜籽烘干结束时，要清扫烘干机内残留的油菜籽，以防与另一品种的油菜籽混淆。

6.烘干质量要求

将收获后的油菜籽从自然水分干燥到安全贮藏或加工要求的含水率（9%~12%），并保持油菜籽原有化学成分基本不变。根据油菜籽品种不同，烘干过程中，选择温度和烘干方式也不尽相同。

（1）加工用的油菜籽，在干燥过程中的最高温度≤70摄氏度，含水率一般控制在9%~12%。如果储存时间较长，油菜籽的含水率就应控制在9%以下。

（2）油菜籽作为种子使用时，烘干的温度不宜过高，在干燥过程中的最高温度≤43摄氏度，防止温度过高降低种子发芽率，含水率应控制在9%以下。

7.入库储藏

油菜籽烘干至安全贮藏要求的含水率，在烘干机内经降温冷却后，即可卸料入库，安全贮藏。如果油菜籽过多，可分批次烘干到一定含水率先暂时存放，待后续完全烘干至安全贮藏要求后再入库。

（四）注意事项

（1）除尘。油菜籽烘干机由多个部件组成，要定期做好维护与保养工作。电器部件要定期除尘，防止发热酿成火灾。

（2）网孔清除。油菜籽粒小，易造成网板小孔堵塞，要及时清理，以免影响干燥效果。

（3）及时维护。对运动金属部件及时添加润滑油，以防损坏。

（4）封存。烘干机停用时，应按照使用说明书要求，对烘干机进行全面维护保养，卸掉不用的燃料、物料，断掉电源，进行封存保管。

第六章

茶叶生产全程机械化解决方案

第一节 茶叶种植区域分布及农艺特点

茶叶,俗称茶,主要分布在热带与亚热带地区。据国家统计局统计数据,2021 年中国茶园面积达 48 960 900 亩,同比增长 3.13%。我国茶叶主产区主要分布在西南、华南、江南和江北等区域。西南茶区位于我国西南部,是最古老的茶区;华南茶区位于我国南部,是最适宜茶树生长的地方;江南茶区位于长江中下游南部,年产量大约占全国总产量的 2/3;江北茶区位于长江中下游北岸,主要生产绿茶。安徽省地处江南茶区,茶叶种植历史悠久,在全国占有重要地位。安徽产茶、制茶历史悠久,名茶众多,黄山毛峰、祁门红茶、太平猴魁、六安瓜片等均为全国名茶。

一 安徽茶叶种植区域分布

安徽位于长江中下游地区,气候温和湿润,四季分明,整体地貌基本分为淮北平原、江淮丘陵山地、皖南皖西山区 3 类。在全省面积中,山地占 31.2%,丘陵占 29.5%,平原占 31.3%,山地及丘陵占全省面积超过 60%,适宜茶叶种植。 安徽茶叶产区处于中国茶树适生区域的东北部,分布于长江南北的山区和丘陵地带,属亚热带季风气候,茶树生长平稳,尤其是山区,云雾多,昼夜温差大,有利于茶树有效成分的积累,茶叶品质优异。但有些茶园秋季有时干旱、冬季有冻害,全省宜茶条件是山区比丘陵好、南部比北部好、西部比东部好。依地势、气候、土壤和茶树的生产特点,安徽分为以下 4 个茶区:

（1）黄山茶区。天柱山带和九华山带之间以黄山带为中心的山区,包括歙县、休宁、祁门、黟县、黄山、东至、石台、青阳、宁国等地,是安徽绿茶、红茶、黑茶的主要产茶区,产量占全省 55% 以上。这一区域山清水秀,林木成荫,水热条件好,土壤大部分为黄壤、红壤和黄棕壤,茶芽持嫩性好。茶园有 3 种类型:一是山地茶园,海拔 400~800 米,海拔较高,茶叶品质好;二是丘陵茶园,海拔 100~400 米,专业单作茶园较多,而茶叶品质稍次于山区;三是洲地茶园,多冲积土,深厚肥沃,小气候好,荫蔽多湿,茶叶品质优异,名优茶有黄山毛峰、祁门红茶、太平猴魁、屯溪绿茶、九华毛峰、休宁松萝、黄山绿牡丹等。

（2）大别山茶区。安徽西部,江淮之间,包括六安、金寨、霍山、舒城、桐城、岳西、潜山、安庆等地,是古老茶区之一。多高山,有大水库分布于金寨、霍山等县,林木多,生态条件好,为无污染茶区,宜茶条件好,所产名茶有六安瓜片、华山银毫、金寨翠眉、霍山黄芽、岳西翠兰、天柱剑毫、舒茶早、舒城小花等。

（3）江南丘陵茶区。在长江以南,系黄山向北、天目山向西延伸的余脉丘陵地带,包括宣州、广德、郎溪、泾县、南陵、繁昌等地,生态条件宜茶,地广坡缓,大片茶园较集中,有秋旱,茶叶品质次于黄山、大别山茶区,所产名茶有涌溪火青、泾县特尖、黄花云尖、敬亭绿雪、天山真香等。

（4）江淮茶区。淮河以南、长江以北、大别山以东的丘陵地区,包括巢湖、无为、和县、滁州,茶园零星分布,茶叶品质尚好,开发的名茶有白云春毫、昭关银须、西涧春雪等。

二 安徽茶叶种植农艺特点

（一）合理密植

合理密植是促进茶叶高产种植的关键,也是影响茶叶品质极为重要的因素。由于茶树喜阳光,如果种植于阳山,种植密度可大一些;如果种植于阴山,种植密度可小一些。此外,如果土壤具有较佳的水肥条件,茶叶种植密度可大一些;如果土壤水肥条件较差,种植密度可小一些。

（二）灌溉管理

由于茶叶在生长发育过程中需要大量的水分,那么就需要加强灌溉

管理。通常,茶叶处在不同生长发育期会有不同的水分需求,如果不及时灌水,易导致茶叶出现生长迟缓的现象。与此同时,要注意在雨水期进行排水,否则易出现茶树涝死等现象。

(三)合理施肥

充足的肥料有利于茶树苗壮生长。大量的实践经验表明,新植幼树在肥沃的土壤中才能快速生长,待其定植后可适当加施长效基肥,待茶树成活后再加施速效肥料,以满足茶树对肥料的需求。与此同时,茶农要结合茶叶的具体特性有针对性地进行追肥,还可将适量的农家肥堆积到茶树附近,最好选用已经腐熟的农家肥,此类农家肥具有较为明显的环保性,尽量减少化肥的使用量。

(四)合理修剪

在茶树生长发育过程中,如果不及时进行修剪,那么幼树的树冠成形速度就会明显减慢,尤其是到发育后期,还会降低树冠的负载能力,进而出现树体通透性较差等一系列问题,稍不注意就会出现病虫害问题,这对茶叶品质造成较大影响。基于修剪程度的差异,可将其分为深修剪、轻修剪、定型修剪三大类。其中,深修剪的主要目的是对茶树树冠进行再造,轻修剪的主要目的在于调整树冠,定型修剪的主要目的在于培养优质高效的树冠骨架。为了让树冠结构趋向于丰产型,整形修剪可从幼树阶段开始,力争让茶树的各个部位均能获得均衡的营养、光照与水分,进而促进茶树苗壮生长。

▶ 第二节 茶叶生产全程机械化现状及存在的问题

一 茶叶生产全程机械化现状

据农业农村部农机化统计年报显示,截至 2019 年,我国拥有茶树修剪机 56.13 万台、采茶机 18.90 万台、茶叶加工机械 154.27 万台(套),茶园生产各环节机械化水平分别为中耕21.2%、施肥9.1%、植保34.9%、修剪39.5%、采收36.8%、田间转运39.5%。我国茶叶生产综合机械化水平为28.10%。

安徽茶叶生产机械化总体水平相对不高。2019年全省拥有茶树修剪机90 995台，茶叶机械修剪面积为10.34万公顷，机械化水平达到51.00%；中耕除草面积为4.13万公顷，机械化水平达到20.3%；机械施肥面积为2.31万公顷，机械化水平达到11.40%；机械植保面积为7.95万公顷，机械化植保水平达到39.20%；采茶机保有量为11 877台（包括单人采茶机和双人采茶机），茶叶机械化采收产量为39 676吨；拥有茶叶加工机械264 930台（套）。

二　茶叶生产全程机械化现存的问题

（1）地形复杂多样，先进适用机具派不上用场。安徽省茶叶生产主要集中在丘陵山区，这样的区域地形复杂多样，限制了茶园管理环节机具的使用，茶农只能选择功能单一、结构简单、体量较小的微小机具，增加了生产过程中使用机械的人力成本和时间成本，农业生产机械化的优势不能充分展现。

（2）茶园基础设施陈旧，改造成本高。茶园管理机具对茶园的基础设施有一定的条件要求，但安徽省老式茶园多，水、电、路、埂破旧，茶园种植的多是传统的老茶树，在茶园建立初期没有综合考虑农业机械的应用，茶园基础设施很难适应现代茶园的管理要求，综合改造的成本过高，限制了茶园更新换代的步伐。

（3）茶叶机具研发能力不足，可供挑选的机具短缺。由于茶叶机具研发难、利润薄、单型号机具市场规模小，农机企业不愿过多投入研发成本，除了微耕机、茶叶加工机械外，很难找到适宜山区茶园的中耕施肥、名优茶采摘等机具。

（4）生产规模不大，龙头企业带动效益差。安徽省茶叶生产经营呈现小、散、弱的特征。传统的农户都是分户经营，资金和人员得不到有效利用，调动不了茶农应用农业机械和配套技术的积极性，增加了农业机械生产中的使用成本，农业机械作用发挥受限，其经济效益不能体现出来。

第三节　茶叶生产全程机械化解决方案及典型模式

一　茶园管理机械

茶园管理机械直接影响茶叶的生长质量,是茶叶生产全程机械化的重要组成部分。装备实施路线为耕作→中耕施肥→植保→节水灌溉→修剪→采收。本节主要介绍茶园作业机械的解决方案及典型模式。茶园管理机械主要包括耕作、中耕施肥、植保、节水灌溉、修剪采收机械。在茶园耕作施肥方面,仅有一些小企业从事茶园耕整机械生产,产品性能、数量都无法满足安徽省茶叶发展的需要,而目前国内茶园施肥机械产品很少。在病虫害防治方面,植保机械品种多,基本上能够满足茶园病虫害防治需求。在灌溉装备方面,节水灌溉设备已能够满足茶园的灌溉需求,但应用很少。在茶叶修剪采摘方面,产品基本上能够满足茶园管理对修剪的需求,但名优茶采摘仍然难以全面实行机械化。具体常用机具如下:

(一)茶园灌溉机械

茶园喷灌系统一般由水源工程、首部枢纽、输配水管道系统和喷头组成。根据茶园类型及需要,可使用固定式喷灌系统、移动式喷灌系统或半固定式喷灌系统。

固定式茶园喷灌系统除喷头外,其他设备均做固定安装,水泵动力机组安装在固定泵房内,干管和支管埋入地下,竖管安装在支管上并高于地面,喷头固定安装在支管上做定点喷洒。该系统操作简便,生产率高,可实现自动控制,便于结合施肥和喷药,占地少,但设备投资大。该系统适用于坡度较大的丘陵地区和灌水期长且频率高的茶园, 如图6-1所示。

移动式茶园喷灌系统的全部设备均可移动, 仅需在田间设置水源。喷灌设备可在不同地点轮流使用,设备利用率高,投资少。缺点是移动费力,路渠占地多。该系统适合于小规模茶园或苗圃灌溉。

半固定式茶园喷灌系统综合了固定式和移动式喷灌系统的优点,克服了两者的部分缺点,将水泵动力机组和干管固定安装,只移动装有若干喷头的支管,干管上每隔一定距离设有给水栓向支管供水。

图6-1　固定式茶园喷灌系统

喷灌系统的选型应根据当地地形、作物、经济和设备条件等具体情况,考虑各喷灌系统的特点,综合分析比较,做出最佳选择。一般可根据以下原则选型:①在地形坡度陡、劳动力成本高的茶园可采用固定式喷灌系统;②在地形平坦、面积不大、离水源较近的茶园可采用移动式喷灌系统;③在有 10 米以上落差、自然水源的地方应尽量选用自压喷灌系统,以降低动力设备的投资和运行成本。

(二)茶园耕作机械

茶园中耕是对茶树间土壤进行中耕、除草、松土等机械操作,以利于茶树吸收水分和减少蒸发,避免杂草繁生与茶树争夺肥料和水分,可促进茶树根系的发育生长,提高茶叶嫩芽的品质和产量。茶园耕作机械按照农艺要求,需适时与适墒深挖、深翻或深松;深挖、深翻或深松作业深浅一致;深翻、深挖土垡翻盖一致,地表基本平整,地头起落整齐;无漏挖(翻、松)现象,不损伤茶树。目前以小型微耕机应用为主,通过更换不同刀具,达到翻耕、松土及除草的目的。茶园微耕机如图 6-2 所示。

(三)茶园开沟施肥机械

茶园中常用的肥料有化肥和有机肥,机械施肥一般为化肥。有机茶园与绿色茶园主要施用有机肥,以减少污染,提高茶叶的品质。茶园机械

施用化肥,其方式有两种:一种是撒施旋耕;一种是使用开沟、施肥、覆土合一的施肥机。施肥机一般为小动力手扶拖拉机配套旋转式或芯铧式开沟器,地轮配套动力给螺旋式或外槽轮式施肥机构,开沟施肥作业效率为 0.13~0.2 公顷/小时。茶园开沟施肥机如图 6-3 所示。

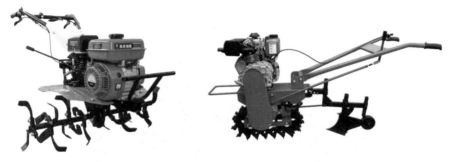

(a)旋转式茶园微耕机　　　　　　　　(b)移动式茶园微耕机

图6-2　茶园微耕机

图6-3　茶园开沟施肥机

　　开沟施肥作业要求化肥深施应达到规定的深度,不漏耕,除草干净,彻底切断杂草根系;耕后地表平整,尽量接近茶树根部,以扩大中耕除草面积,不伤茶树;根据农艺要求,在适宜的农时和墒情下进行施肥作业;施肥量准确,与规定施肥量误差范围为±5%;播肥均匀,行间施肥量误差范围为±5%;掩土覆盖严密,无漏施、重施现象。

(四)茶园植保机械

茶园中使用的病虫害防治机具主要有喷粉机、喷雾机、弥雾机等。丘陵山区茶园以手提式机动喷雾(粉)机为主,大规模标准化茶园配以乘坐式喷雾(粉)机。茶园植保作业要求用药量准确,实际喷药量与规定喷药量误差范围为±3%。喷洒水剂时,药剂与水混合的误差范围为±5‰,与规定喷药量误差范围为±3%;药剂喷洒(撒)均匀,雾化良好,不得有水滴或水柱,喷出的粉剂不得有团粒,药剂应很好地附着在茶树茎叶上;喷药高度必须适应茶园病虫害防治的需要,靶标的药剂沉积量高,雾量分布均匀,漂移少。茶园植保机如图6-4所示。

(a)背负式茶园喷雾机　　　　　　　　(b)茶园无人植保机

图6-4　茶园植保机

(五)茶园修剪机械

在茶园修剪过程中应用的机械化设备多为往复剪切式电动茶树修剪机,它具有体积小、重量较轻、工作效率高、绿色环保及方便茶农操作的特点,设备的价格也比较低廉,可以取得较高的收益。往复剪切式电动茶树修剪机适用于茶树的轻修剪、边幅修剪及定型修剪等。机械修剪应按农艺要求,在适期内分别进行轻修剪、深修剪、中修剪、重修剪、台刈和修边作业;各类修剪高度应分别达到农艺要求,与规定的修剪尺寸基本一致;修剪后经人工辅助整理,使树冠整齐,树高基本一致,等高茶行高度误差在±10厘米/50米,顺坡茶行高度误差在±15厘米/50米;修剪切口平整,无拉断、撕裂现象。

(六)茶叶采摘机械

目前,采茶机主要分为背负式采茶机、乘坐式采茶机及智能化自走式采茶机。背负式采茶机主要用于丘陵山区环境,乘坐式采茶机主要应用于平地标准化茶园的大宗茶采摘。目前,针对名优绿茶的采摘问题,设计了智能化自走式采茶机,该采茶机对采茶平面的高度、宽度及重心能够实现无级自适应调节,采用图像识别技术和机械手控制技术实现茶叶精准采摘,结构新颖、性能先进,能够针对名优茶进行采摘,总体技术处于国际先进水平。茶叶采摘机械作业要求采摘面整齐,高度一致;切口平整,被采茶树无撕拉现象;不重采,不漏采。茶叶采摘机如图6-5所示。

(a)手持式茶叶采摘机　　　　　　　　(b)乘坐式茶叶采摘机

图6-5　茶叶采摘机

二　茶叶加工机械

茶叶加工机械化技术是指在茶叶加工过程中利用各类先进、实用的机械实施绿茶、红茶、黑茶等品种的茶叶加工技术。在茶产业链中,种植业是基础,加工业是关键。

安徽省在茶叶加工机械化程度方面,茶叶机械生产企业生产的机械品种多,机型比较齐全,基本上能满足全区茶叶加工产业发展的需要。目前,茶叶加工技术、设备相对落后,茶叶加工产品单一,工艺水平落后,生产效率不高,滞后于整个茶产业发展的需求。全省相当一部分茶厂厂房和设备简陋,加工环境差,产品质量难以保证,还没有一家真正符合产业化、规模化要求的高标准、现代化茶叶精深加工厂。

(一)茶叶加工一般工艺

1.绿茶加工工艺

绿茶是安徽省茶叶总产量最高、品种最多、国际贸易量最大的一类茶叶。绿茶花色品种有数百种,外形千姿百态,有卷曲形、圆珠形、螺形、针形、单芽形、雀舌形、片形、舒展形、扁平形、颗粒形、花形等,虽然不同的茶叶形状其加工工艺有差异,但基本的加工过程是一样的。

绿茶的加工,可分为杀青、揉捻和干燥3个主要步骤,如图6-6所示。其中,茶叶质量关键在于初制的第一道工序,即杀青。鲜叶通过杀青,酶的活性钝化,内含的各种化学成分基本上是在没有酶影响的条件下,由热力作用进行物理、化学变化,从而形成了绿茶的品质特征。

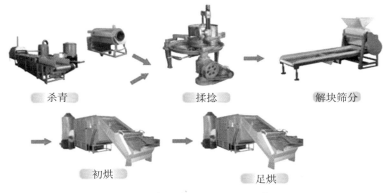

图6-6　绿茶机械加工的一般工艺流程

绿茶加工工艺技术路线:摊青→杀青→揉捻→解块→烘干(炒干)→风选。

(1)杀青。杀青对绿茶品质起着决定性作用。通过高温破坏鲜叶中酶的特性,制止多酚类物质氧化,以防止叶子变红;同时蒸发叶内的部分水分,使叶子变软,为揉捻造型创造条件。随着水分的蒸发,鲜叶中具有青草气的低沸点芳香物质也会蒸发消失,从而使茶叶香气得到改善。

(2)揉捻。揉捻是茶叶塑造外形的一道工序。通过外力作用,使叶片揉破变轻,卷转成条,体积缩小,且便于冲泡。同时,部分茶汁挤溢附着在叶表面,这对提高茶的滋味和茶汤浓度也有重要作用。制绿茶的揉捻工序有冷揉与热揉之分。所谓冷揉,即杀青叶经过摊凉后揉捻;热揉则是杀青叶不经摊凉而趁热进行揉捻。嫩叶宜冷揉以保持黄绿明亮之汤色及嫩绿的叶底,老叶宜热揉以利于条索紧结,减少碎末。

(3)干燥。干燥的目的是蒸发茶叶水分,并整理外形,充分发挥茶香。干燥的方法有烘干、炒干和晒干3种形式。绿茶的干燥工序,一般先经过

烘干,然后再进行炒干。因揉捻后的茶叶含水率仍很高,如果直接炒干,茶叶在炒干机的锅内会很快结成团块,茶汁易黏结锅壁。因此,茶叶先进行烘干,使含水率降低至符合锅炒的要求后再炒干。

2.红茶加工工艺

安徽省以祁门红茶为代表的红茶系列,其制法大同小异,一般有萎凋、揉捻、干燥、发酵4个工序,如图6-7所示。各种红茶的品质特点都是红汤红叶,色香味的形成都有类似的化学变化过程,只是在变化的条件、程度上存在差异而已。红茶加工工艺技术路线:萎凋→揉捻→解块→发酵→烘干→分级(色选)。

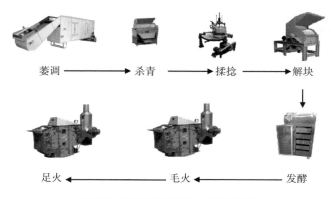

萎凋 ——→ 杀青 ——→ 揉捻 ——→ 解块

足火 ←—— 毛火 ←—— 发酵

图6-7 红茶机械加工的一般工艺流程

(1)萎凋。萎凋是指鲜叶经过一段时间失水,使一定硬脆的梗叶成萎蔫凋谢状况的过程,是红茶初制的第一道工序。经过萎凋,可适当蒸发叶片水分,使叶片柔软,韧性增强,便于造型。此外,这一过程可使茶叶青草味消失,茶叶清香欲现,是形成红茶香气的重要加工阶段。萎凋方法有自然萎凋和萎凋槽萎凋两种。自然萎凋是将茶叶薄摊在室内或室外阳光不太强处,搁置一定的时间。萎凋槽萎凋是将鲜叶置于通气槽体中,通以热空气以加速萎凋过程,这是目前普遍采用的萎凋方法。

(2)揉捻。红茶揉捻的目的与绿茶相同,茶叶在揉捻过程中成形并增进色香味浓度;同时,由于叶细胞被破坏,便于在酶的作用下进行必要的氧化,有利于发酵的顺利进行。

(3)发酵。发酵是红茶制作的独特阶段,经过发酵,叶色由绿变红,形成红茶红叶红汤的品质特点。其机理是叶子在揉捻作用下,组织细胞膜结构受到破坏,透性增大,使多酚类物质和氧化酶充分接触,在酶促作用下产生氧化聚合作用,其他化学成分亦相应发生深刻变化,使绿色的茶叶产生红变,形成红茶的色香味品质。目前普遍使用发酵机控制温度和时间进行发酵。发酵适度,嫩叶色泽红润,老叶红里泛青,青草气消失,具有熟果香。

(4)干燥。干燥是将发酵好的茶坯采用高温烘焙,迅速蒸发水分,达到保持干度的过程。其目的有三个:利用高温迅速钝化酶的活性,停止茶叶发酵;蒸发茶叶水分,缩小其体积,固定外形,保持干度以防霉变;散发茶叶中大部分低沸点青草气味,激化并保持高沸点芳香物质,获得红茶特有的甜香。

(二)茶叶常用加工机械

1.茶叶杀青机械

目前,常用的茶叶杀青机有锅式杀青机、滚筒式杀青机、高温热风杀青机和蒸汽式杀青机等。

(1)锅式杀青机。锅式杀青机由炒叶锅、炒叶腔、炒手装置、传动机构和炉灶等部分组成,基本形式与大宗茶的双锅杀青机相似,一般为双锅并列形式。传动机构置于两锅中间,炒叶锅上部为炒叶腔,下口与炒叶锅相连,上口大、下口小。杀青作业时,将鲜叶投入炒叶锅,电动机通过传动机构带动炒手装置翻炒锅内茶叶。炒手装置正转炒茶,反转则出叶。机器使用方便,杀青质量良好。

(2)滚筒式杀青机。名优茶加工中使用的滚筒式杀青机,是在大宗茶滚筒杀青机的基础上,经小型化设计而成的。其由筒体、炉腔、机架和传动机构等部分组成,多为机灶一体。滚筒式杀青机型号以筒体直径为主要参数加以区别,生产上常用的有40型、50型、60型等多种规格;目前,已发展到80型、90型、100型等大中型连续杀青机,具有叶温升高快、杀青均匀、能连续作业等优点;若使用得当,还有制茶品质好、效率高等优点。滚筒式杀青机如图6-8所示。

(3)蒸汽式杀青机。这是一种利用蒸汽杀青的设备,由网带、蒸汽发生器、机架和传动机构等部件组成。网带与蒸汽发生器及传动机构均装在机架上,网带由不锈钢丝或镀锌钢丝编织而成。该机用于名优茶杀青,成茶芽叶完整,叶底绿翠,汤色嫩绿明亮,具有蒸青绿茶特有的香气

图6-8　滚筒式杀青机

和滋味。

(4)高温热风杀青机。这是最新发明的一种名优茶杀青机械,其工作原理是利用高温热风与鲜叶接触,将热量传递到鲜叶,使鲜叶迅速升温达到钝化活性酶的作用。其优点是不会有焦边爆点和烟焦味,杀青速度快,没有增水作用,使杀出的鲜叶色泽翠绿、鲜嫩,杀青后鲜叶含水率能够达到揉捻工序要求。因此,它是集两种杀青工艺优点的新型杀青机。高温热风杀青机如图6-9所示。

图6-9　高温热风杀青机

2.茶叶揉捻机械

茶叶揉捻机械用于名优茶等茶叶加工中的揉捻作业,目的是使茶叶卷曲成条,适度破坏叶细胞。名优茶揉捻机的型号较多,按揉桶直径分,有 6CR-25 型、6CR-30 型、6CR-35 型、6CR-40 型、6CR-55 型、6CR-65

型等。其基本结构主要由揉桶、揉盘、加压装置、传动机构和机架等部件组成。揉桶一般采用铜板卷制,它固定在揉桶三角框架上,工作时由传动机构通过曲柄带动在揉盘内做水平回转运动。圆形揉盘用铸铁浇铸而

图6-10 茶叶揉捻机

成,盘面上铺设铜板,也有采用木质较好的木板。揉盘中心开有出茶口,并装有出茶门,盘面上冲压或装有 10~12 条新月形棱骨,利于揉捻使茶叶成条。名优茶揉捻机作业时,揉桶内装满茶叶,揉桶在揉盘内水平回转,桶内茶叶受到揉桶盖的压力、揉盘的反作用力、棱骨的揉搓力及揉桶的侧压力等,使茶叶揉捻成条,并使部分叶细胞破碎,茶汁外溢,达到揉捻的目的。名优茶揉捻机对于条形红茶的揉捻作业也同样适用。茶叶揉捻机如图 6-10 所示。

3.茶叶烘干机械

茶叶烘干机械有盘式、手拉百叶式和自动烘干式等类型,主要用于烘干型或半烘干型名优茶的初烘和足火烘干。

(1)盘式烘干机,也称抽屉式烘干机。它由热源、引风机、烘盘、烘箱等部分组成。热源有电热式和煤柴两用金属式热风炉两种形式。烘盘以冲孔板或铜丝网做底,配以木质边框,状似抽屉,插入烘箱内,层数以设计摊叶面积而定,有 2~6 层,摊叶面积为 0.5~1 平方米。

(2)手拉百叶式烘干机。其用于茶叶烘干时,多选用摊叶面积为 3 平方米的 6CH 3 型,结构与大生产中使用的手拉百叶式烘干机相似,由烘箱、风机和热风炉等部分组成。烘箱内有 5 层百叶烘板;百叶烘板用薄钢板冲孔制成,烘箱通过风管与引风机和金属式热风炉相连接。百叶式烘干机以百叶的总摊叶面积确定型号,有 6CH(B)-10、6CH(B)-8、6CH(B)-6 3 种基本型号。

(3)自动烘干式烘干机。其与大生产中使用的大型自动链板式烘干机相似,由上叶输送装置、烘箱、传动机构、风机和热风炉等部分组成。所不同的是,上叶输送装置和烘箱内的烘层由金属网带组成,共有 3 组,每组自成无端回转形式,两边以链条固定牵引,上叶输送装置和最上一组

烘层做成一体,烘层全部安装在烘箱内。作业时,金属式热风炉产生的热风,由风机分层送入烘箱内各烘层,传动机构带动上叶输送装置和各层网袋运转,上烘叶由上叶输送装置送到上层网袋,随网袋不断前进,并按顺序落到第二层、第三层,热风不断穿透网带上的叶层,使叶内水分蒸发,完成烘干过程。其优点是能够自动连续作业,操作方便,但结构复杂,造价较高。自动链板式烘干机系列有 6CH-10、6CH-16、6CH-20、6CH-25、6CH-50 等型号,以 6CH-16、6CH-20 应用最为普遍(型号中的数字代表面积,单位平方米),干茶产量 6 千克/(米²·小时)。此外,还有两组 4 烘层 6CH-3、6CH-6 两种小型名优茶烘干机。

小型网带式烘干机的有效烘层为 4 层,型号有 6CH(M)1、6CH(M)2、6CH(M)3、6CH(M)6、6CH(M)8 几种,烘干面积为 1~8 米²。热源有用电热管加热的,也有配用热风炉的。各层网带的运行速度也分别可调。为避免网带勾茶或漏茶,应采用细孔网。为保持网的平整,最好是采用粗细双层网带结构。其基本结构及工作原理与传统的外翻板式烘干机类似。干茶产量 4~6 千克/(米²·小时)。如图 6-11 所示为茶叶烘干机。

图6-11 茶叶烘干机

4.茶叶整形、理条机械

(1)扁茶整形机。扁茶整形机适用于扁形名优茶的理条、压扁成形等作业(以猴魁为代表),具有茶叶条索紧结、扁平挺直、色泽绿润的特点。其基本结构由炒茶锅、压茶板、炒茶手、排叶刷、回叶刷、传动和振动机构、电热炉、机架等组成。扁茶整形机的工作原理:将炒茶锅加热后,启动机器,炒手和压茶板做上下升降运动,茶叶在炒手的推动下,上下不断翻转;每推炒 1 次,炒手上升,压茶板下降,使茶叶受压而逐渐变成扁形,同时茶条向炒茶锅两侧延伸流出,落入排叶槽,经排叶刷扫至叶槽,又经回叶刷扫入炒茶锅内。炒茶锅在炒茶的同时,前后振动促使茶条理直,使茶叶挺直平扁。压茶板上设有升降机构,可随茶叶体积的逐渐缩小而慢慢调低,使压力由轻到重,产生似手工制作一样的推、捺、揿、压等动作。扁茶整形机工作时,每次投叶量为 1.5~1.6 千克杀青叶,造型时间 30 分钟左右,失水率在 25%~30%。台产量 2.2~2.4 千克/小时。

(2)振动理条机。振动理条机适用于条形名优茶的理条、整形作业,它能使成品茶条索紧直、芽叶完整,锋苗显露、色泽绿润。其基本结构由多槽锅、偏心轮(曲柄)连杆机构、减速传动机构、热源装置和机架等部分组成。多槽锅是理条作业的主要工作部件,锅体宽度方向一侧设一翻板式出茶门,当打开此门时,手提锅体转动 600°,则可使槽内茶叶全部流出锅外。热源可用电、柴和煤。台产量 20 千克/小时左右。振动理条机如图6–12 所示。

图6–12 振动理条机

5.多功能名优茶加工机械

多功能名优茶加工机械又称多功能茶叶炒干机、多用机等,是目前推广最快、应用最普遍的一种名优茶加工机械。它具有一机多用的优点,是现阶段较为经济、实用和性能稳定的名优茶加工机械之一。该机由多槽

式长形炒叶锅、机架、热源、传动机构和加压棒等组成。多槽式长形炒叶锅以薄钢板冲压而成,有三槽、五槽、六槽等多种。热源有木炭、煤、柴和电热等多种类型。热源装于炒叶锅下部,两者同时装在机架上,由热源直接对锅体进行加热。传动机构由电动机通过减速箱带动曲柄机构运转,使炒叶锅在机架上部的轨道上往复运转。作业时,热源对炒叶锅进行加热,将鲜叶投入往复运转的槽式长形炒叶锅内,随着槽式炒手的运转,对加工叶不断炒制,在适宜的温度下,完成杀青工序。由于长形槽式炒叶锅的特殊结构和垂直于轴向的往复运动,使杀青叶沿轴向顺序排列,不断翻转,得到初步理条。到茶叶基本成条时,即可在每一槽内加一根加压棒,开始扁形茶的整形工序。加压棒一般在塑料管内灌黄沙,两端封死,外面紧包棉布制成。加压棒通常有几种重量规格,视加工叶状况与加工工序的不同而灵活选用。在适宜的整形锅温下,炒叶锅不断往复运行,加压棒在槽内不断对已理条的加工叶进行滚压,直到全部成形干燥,完成茶叶加工。

第七章

蔬菜生产全程机械化解决方案

受农村人口老龄化和机械化整体水平低的影响,蔬菜生产的劳动力成本以每年17%的速度上涨,2015年蔬菜生产的劳动力成本已经占到其生产总成本的1/2以上。随着我国农业现代化的持续推进,蔬菜种植发展迅速,面积逐年增加,蔬菜生产机械化是解决"用工难、用工贵"的有效途径。现阶段,我国蔬菜种植机械化整体水平较低,主要原因是蔬菜设施、农机、农艺三者融合受设施结构、蔬菜品种和农艺等因素制约。农机、农艺融合度不足成为蔬菜生产机械化发展的瓶颈,这已成为行业共识。我国设施园艺面积中设施蔬菜占比95%以上,设施园艺机械化水平约在35%。

▶ 第一节 蔬菜种植区域分布及农艺特点

综合考虑地理气候、区位优势等因素,将全国蔬菜产区划分为华南与西南热区冬春蔬菜、长江流域冬春蔬菜、黄土高原夏秋蔬菜、云贵高原夏秋蔬菜、北部高纬度夏秋蔬菜、黄淮海与环渤海设施蔬菜6个优势区域,重点建设580个蔬菜产业重点县(市、区),提高全国蔬菜均衡供应和防范自然风险、市场风险的能力。重点县(市、区)的蔬菜播种面积保持基本稳定,单位面积产量和总产量的增幅高于全国平均水平。

一 全国蔬菜产区划分与区域优势

(一)华南与西南热区冬春蔬菜优势区域

华南与西南热区冬春蔬菜优势区域包括7个省(区),分布在海南、

广东、广西、福建、云南和贵州南部及四川攀西地区,共有94个蔬菜产业重点县(市、区)。本区域冬春季节气候温暖,有"天然温室"之称,1月份(最冷月)平均气温≥10摄氏度,可进行喜温果菜露地生产。

(二)长江流域冬春蔬菜优势区域

长江流域冬春蔬菜优势区域包括9个省(市),分布在四川、重庆、湖北、湖南、江西、浙江、上海和江苏中南部、安徽南部,共有149个蔬菜产业重点县(市、区)。本区域冬春季节气候温和,1月份平均气温≥4摄氏度,可进行喜凉蔬菜露地栽培,是我国最大的冬春喜凉蔬菜生产基地。

(三)黄土高原夏秋蔬菜优势区域

黄土高原夏秋蔬菜优势区域包括7个省(区),分布在陕西、甘肃、宁夏、青海、西藏、山西及河北北部地区,共有54个蔬菜产业重点县(市、区)。本区域适宜蔬菜生产的多为海拔800米以上的高原、平坝和丘陵山区,昼夜温差大,夏季凉爽,7月平均气温≤25摄氏度,无须遮阳降温设施即可生产多种蔬菜。

(四)云贵高原夏秋蔬菜优势区域

云贵高原夏秋蔬菜优势区域包括5个省(市),分布在云南、贵州、鄂西、湘西、渝东南与渝东北地区,共有38个蔬菜产业重点县(市、区)。本区域适宜蔬菜生产的多为海拔800~2 200米的高原、平坝和丘陵山区,夏季凉爽,有"南方天然凉棚"之称,7月平均气温≤25摄氏度,无须遮阳降温设施即可生产多种蔬菜。

(五)北部高纬度夏秋蔬菜优势区域

北部高纬度夏秋蔬菜优势区域包括4省(区),分布在吉林、黑龙江、内蒙古、新疆和新疆建设生产兵团,共有41个蔬菜产业重点县(市、区)。本区域纬度较高,夏季凉爽,7月平均气温≤25摄氏度,无须遮阳降温设施即可生产多种蔬菜。

(六)黄淮海与环渤海设施蔬菜优势区域

黄淮海与环渤海设施蔬菜优势区域包括8个省(市),分布在辽宁、北京、天津、河北、山东、河南及安徽中北部、江苏北部地区,共有204个蔬菜产业重点县(市、区)。本区域冬春季光热资源相对丰富,距大城市近,适宜发展设施蔬菜生产。

二 安徽省蔬菜种植区域划分

安徽省地处暖温带的南缘,气温日差较大,积温有效性高,自然条件较为优越,农业基础条件良好,劳动力资源充足,具备发展有机蔬菜的相对优势和有利条件。安徽省蔬菜区划分如下:

(一)反季节商品蔬菜基地

以沿江地区的和县、繁昌和沿淮淮北地区的怀远、阜南、埇桥、谯城等县(区)地为中心兴建反季节商品蔬菜基地。

(二)地方名优特菜基地

开发地方名优产品,如涡阳苔干;萧县、砀山芦笋和金针菜;临泉、怀远、亳州大蒜;灵璧、石台、和县红辣椒;淮南、合肥乌菜;界首马铃薯;庐江、桐城水芹。

(三)水生蔬菜基地

在沿江地区的无为、当涂、南陵、宣州区和淮河流域埇桥、固镇等县(区)兴建水生蔬菜基地,发展田藕、茭白、荸荠、菱角生产。

(四)加工菜基地

以涡阳、临泉等县(区)为中心兴建脱水苔干和脱水葱蒜基地;以无为、繁昌等为中心兴建出口速冻菜和保鲜菜基地;以当涂、泾县、来安等县(区)为中心建腌制菜生产基地。

(五)食用菌基地

在界首、蒙城、南陵等县(区)兴建蘑菇等食用菌生产基地;在宣州、祁门、桐城等县(区)和淮北等市兴建优质鲜香菇和珍稀食用菌基地。

(六)高山蔬菜基地

在皖南山区、大别山区的岳西、绩溪、石台等县(区)兴建高山蔬菜基地。

2021年安徽省蔬菜种植面积和产量稳步增长,蔬菜质量安全状况良好。合肥市农作物总播种面积69.70万公顷,比上年增长1.20%。其中,蔬菜种植面积9.37万公顷,增长3.40%;蔬菜产量241.69万吨,增长4.50%。淮北市蔬菜产量42.20万吨,增长3.80%。亳州市农作物种植面积87.53万公顷。其中,蔬菜种植面积7.83万公顷,增加0.28万公顷;蔬菜产量

312.70 万吨,增长 5.50%。宿州市粮食作物种植面积 93.42 万公顷,比上年下降 0.40%;蔬菜及食用菌产量 233.2 万吨,增长 4.80%。蚌埠市粮食作物种植面积 51.47 万公顷。其中,蔬菜种植面积 5.52 万公顷;蔬菜产量 264.00 万吨,增长 3.40%。滁州市粮食作物播种面积 83.00 万公顷,比上年增长 0.40%。其中,蔬菜播种面积 3.01 万公顷,比上年增长 4.60%;蔬菜产量 105.60 万吨,比上年增产 5.10%。宣城市全年粮食播种面积 330.00 万亩,比上年增加 2.90 万亩。粮食产量 128.70 万吨,比上年增产 2.00 万吨,增长 1.60%。其中,蔬菜产量 57.50 万吨,增长 4.90%。铜陵市全年粮食种植面积 10.07 万公顷,比上年增加 0.03 万公顷。其中,蔬菜种植面积 1.23 万公顷,增加 0.02 万公顷;蔬菜产量 32.90 万吨,增产 5.90%。池州市全年粮食作物种植面积 12.09 万公顷,比上年增长 1.90%。其中,蔬菜及食用菌种植面积 1.05 万公顷,增长 3.70%;蔬菜及食用菌产量 29.60 万吨,增长 4.40%。黄山市全年粮食作物播种面积 1.70 万公顷,同比持平。粮食产量 28.97 万吨,增长 1.10%;蔬菜种植面积 25.20 万亩,增长 0.70%;蔬菜产量 30.27 万吨,增长 2.80%。安庆市全年粮食种植面积34.60 万公顷。其中,蔬菜种植面积 6.60 万公顷;蔬菜产量 154.30 万吨,增长 1.90%。阜阳市全年粮食作物种植面积 97.28 万公顷,比上年增加 0.20 万公顷。蔬菜种植面积 11.04 万公顷,扩大 0.55 万公顷;蔬菜产量 458.60 万吨,增长 5.90%。淮南市全年粮食作物种植面积 53.00 万公顷,比上年增加 0.70%。蔬菜种植面积 2.70 万公顷,增长 6.20%;蔬菜产量 90.10 万吨,增长 5.60%。六安市蔬菜种植面积 6.09 万公顷,比上年增加 0.48 万公顷;蔬菜产量 131.20 万吨,增长 2.70%。芜湖市蔬菜产量 172.10 万吨,增长 5.80%。马鞍山市蔬菜种植面积 2.80 万公顷,增长 5.30%;蔬菜产量 85.60 万吨,增长 6.1%。2021年安徽省各市区收菜产量分布如图 7-1 所示。

当前蔬菜生产机械化发展较慢,还处于初级阶段。蔬菜生产种植、收获环节专用机具少、集成配套研究弱,成为制约蔬菜生产发展的重要难题。为探索出适应怀远县本地化的蔬菜机械化生产技术模式,示范推广应用先进、实用的蔬菜种植机械,怀远县农机推广中心成立技术专家指导组开展蔬菜机械化种植田间对比试验研究,进一步验证蔬菜机械作业与常规人工作业的工效、成本等方面的差异,探索出效益好、成本投入低、适应本地化的蔬菜机械化生产技术模式,示范推广应用先进、实用的

蔬菜种植机械,进一步提升怀远县蔬菜生产农机化水平。

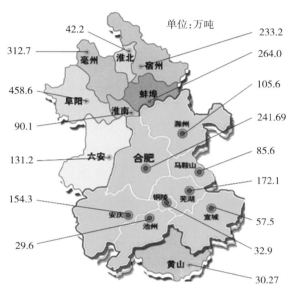

图7-1 2021年安徽省各市区蔬菜产量分布图

三 蔬菜种植农艺特点

(一)种子处理

在蔬菜种植过程中,种子的选择和处理至关重要,对蔬菜的产量和品质有很大的影响。选择优质蔬菜种子,确保蔬菜种子本身具有较强的抗逆性,减少后续种植程序,从而避免蔬菜中残留大量农药,减少农药残留对食用人群健康的影响。

播种前对种子进行适当处理,确保处理方法的合理性和科学性,从而提高播种的抗性,减少病虫害的发生。选择合理的育苗地点,加强病虫害防治,减少病虫害对育苗工作的影响。此外,播种前必须对土壤进行处理,以确保土壤满足种子的生长要求,从而确保种子的正常生长。

(二)肥料的使用

蔬菜对营养素的需求量很大,仅仅依靠土壤中的养分不能满足蔬菜的生长需要,而且这样会导致蔬菜质量缺乏必要的保证。因此,必须注意施用化肥,为蔬菜提供必要的营养,保证蔬菜的正常生长,提高蔬菜的质

量。选择合适的肥料,保证肥料选择的合理性和科学性;同时,注意肥料的搭配,合理搭配有机肥和无机肥,促进蔬菜的生长。

(三)农药的使用

农药在蔬菜生长中起着重要作用。合理使用农药可以提高蔬菜产量,实现经济效益最大化。但值得注意的是,过量使用农药会造成蔬菜上大量农药残留,威胁消费者的健康和安全。因此,应控制农药用量,确保农药用量的合理性。另外,要注意农药品种的选择,尽量使用低残留农药,在保证病害虫防治效果的前提下减少农药用量,确保蔬菜安全。要注意农药使用时间的选择,掌握病虫害发生规律,尽快开展病虫害防治工作,减少用药量。

(四)灌溉管理

灌溉管理是蔬菜管理的关键,对蔬菜生产影响较大。在开展灌溉管理工作时,要根据实际情况制订科学合理的灌溉计划,为蔬菜生长提供稳定可靠的水资源;注重水质管理,确保水质清洁,避免对蔬菜造成不良影响。根据蔬菜特点开展灌溉工作,并根据土壤、气候等外部因素对灌溉工作进行适时调整,确保灌溉工作科学合理。值得注意的是,同一种蔬菜在不同生长阶段对水资源的需求也可能有很大差异,所以灌溉时要注意调整水量。

▶ 第二节 蔬菜生产全程机械化现状及存在的问题

近几年人们的物质生活得到了全面提升,对于饮食的关注度逐渐增强,对蔬菜的需求量也逐渐增多,我国农业蔬菜逐渐难以满足社会的需求。随着蔬菜生产机械化的不断发展,不仅能够使蔬菜种植更加多元化,还能使蔬菜的产量与质量成倍增长,从而逐渐满足当前社会对蔬菜的需求。通过机械化的操作不仅能够规范蔬菜种植技术,还能提升农业生产的总体效率,减少农业生产对人力的依赖;通过对机械设备的合理运营,能够有效解决食品安全的问题。

一 蔬菜生产全程机械化种植现状

（一）机械种植的现状

近几年,我国社会经济得到了全面快速发展,从而全面推动了我国现代化农业的发展。在蔬菜种植过程中,采用机械化种植技术来提升蔬菜的产量和质量。当前蔬菜生产机械化发展较慢,还处于初级阶段,蔬菜生产种植、收获环节专用机具少、集成配套研究弱,成为制约蔬菜生产发展的重要难题。

（二）机械化蔬菜种植的特点

机械化蔬菜种植是我国当前蔬菜栽种技术发展的重要途径,这种技术在近几年得到了广泛运用。

1.温室种植技术

温室大棚种植技术成熟,因而得到快速的推广。通过温室大棚种植,能够控制适宜农作物生长的环境、温度、湿度,确保蔬菜能够得到全面的生长。温室大棚种植能够有效减少蔬菜对自然环境的依赖,这样不仅能够有效保障农户的经济收入,还能够在一定程度上提升蔬菜的产量及质量,促进我国农业的稳定发展。

2.温室种植的发展

温室种植有效提高土地利用率,实现蔬菜规模化生产,解决了人们对蔬菜的整体需求。

（三）蔬菜机械化种植的发展趋势

目前,我国蔬菜产业已经逐步向种植规模化、生产标准化、市场均衡化、经营产业化、产品外向化、服务网络化"六化"的方向迈进,蔬菜已经成为不少地区农业结构调整的一个新亮点,同时也是这些地区农民增收的重要来源。蔬菜种植一般经过土地的施底肥、耕整、起垄、栽种、覆膜、水肥管理、田间管理、收获等环节。耕整、起垄、覆膜、浇灌一般以机械作业为主,机械作业面积分别达到 80%、60%、50%、80%,有相应的耕整机械、覆膜机械、排灌机械、植保机械等;目前栽种、收获环节的机械化作业不成熟,国产播种机、收获机价格高,且不适应我国多种多样的种植模式。

二 蔬菜全程机械化种植现存问题

由于我国的劳动力成本较低,蔬菜种植主要依靠人工来完成,这种方式劳动强度大、生产效率低。随着经济社会的不断发展,劳动力成本也在逐年提升,为降低劳动强度,走蔬菜种植机械化道路是必然的选择。

(一)蔬菜播种技术瓶颈难突破

蔬菜机械化播种机研发能力有所加强,但实践中仍然很难得到大规模应用。蔬菜播种难点在于单粒取种、种体方向控制、直立下栽和整机设计,其中最大的难点是播种环节种子要保持直立,根部在下,尖部在上。针对这一点,目前很多科研机构和相关企业开发了不少高新技术,但在具体应用中仍然没有很好地解决这个问题。目前,我国蔬菜播种机并不能保证蔬菜种子在播种时不受损伤,并且操作难度大、价格高,限制了我国蔬菜产业机械化的推进。因此,蔬菜播种机械必须有进一步的技术突破,解决蔬菜播种保持种子直立和种子安全性的问题,才能达到机械化播种的要求。

(二)种植标准不统一,导致蔬菜收获机难推广

蔬菜种植区域布局分散、跨度大,地区与地区之间的种植模式有差别,有的种植户平播种植,有的则实施间作,且垄距、行距不统一,缺乏统一的种植标准。蔬菜收获机作为一种新型农业机械,对收获作物的标准化种植有较高要求,种植模式的不统一影响了蔬菜收获机具的适用性,一定程度上阻碍了机具的推广应用。加上不同蔬菜品种收获时要求的条件不同,一种蔬菜收获机很难同时满足不同地区和蔬菜品种的收获需求,这也是蔬菜收获技术目前需要解决的问题。

(三)种植理念落后,机械化推广较难

种植机械技术发展速度很快,但在蔬菜种植机械技术推广普及方面还存在很多限制。首先,部分蔬菜种植户依赖传统的种植经验,农业理念较为落后。他们大多对蔬菜种植机械技术接受程度较低,对最新的蔬菜种植机械化技术推广存在抵触心理。其次,目前我国蔬菜种植机械化技术水平不足,相关机械价格较高、实用性不足,严重制约了蔬菜种植机械化技术的普及。此外,当前我国蔬菜种植机械化技术研究的投入不足,也

影响着蔬菜种植机械化技术的研发创新。

制约蔬菜生产机械化发展的原因：①土地含水率高，土壤透气性差、黏性重，耕整地作业难度高，缺少适合本地区耕整地的作业标准，种植户各自开展机械化耕整地作业，难以满足蔬菜生产机械化所需的农艺要求；②蔬菜生长的农艺数据与各环节机械的衔接不协调，缺少能够指导蔬菜生长的农业专家系统数据库，蔬菜机械得不到高效运用；③从各地引进的农业机械容易出现"橘生淮南则为橘，生于淮北则为枳"等问题，特别是蔬菜移栽、收获等机械的实用性、适用性较差，达不到预期的运用效果。

▶ 第三节　蔬菜生产全程机械化解决方案及典型模式

随着城市化水平的进一步提高，传统的蔬菜生产模式逐渐失去市场竞争力，发展蔬菜生产全程机械化技术已成为趋势。亟须坚持以科技创新为动力，以农机农艺有机融合、机械化信息化融合为路径，打破制度藩篱的制约，推进"产学研推用"深度融合，创新升级蔬菜生产全程机械化装备和技术，推动蔬菜生产高质量发展，为实现乡村振兴和农业现代化提供支撑。

一 蔬菜生产全程机械化解决方案

（一）规范耕整地作业，推进农机与农艺的有机融合

蔬菜种植多采用土壤垄作，对耕整地质量要求较高，尤其对土壤平整度、细碎度和垄高等参数有着很高的农艺要求。标准化、规范化耕整地是蔬菜生产全程机械化的基础，有助于提升后续移栽、直播及收获等环节的机械化作业质量。安徽地区蔬菜耕整地作业标准不统一，各蔬菜种植区、菜农开展耕整地的方式和方法各不相同，水平参差不齐，缺乏可复制、可借鉴的耕整地作业规范，阻碍蔬菜产业向规模化、产业化发展。

整合蔬菜生产机械化耕整地作业规范，成为当前推进蔬菜生产全程机械化迫切需要解决的问题。针对不同地域、不同土壤类型、不同蔬菜生产模式，选择有代表性的田块，就耕整地环节开展试验，对地块的平整度、行距、垄高、垄宽等参数开展规范化试验，对深翻、碎土、旋耕、平地、开沟、起垄等整地环节数据进行详细记录，协调好各环节蔬菜生产机械的衔接，推进蔬菜机械化生产与农艺的有机融合。

（二）建立蔬菜机械化生产成长信息数据库，推进机械化与信息化融合

信息化是推动农机化技术发展的新动能，也是衡量农机化水平和现代农业建设的标志。现阶段，农业物联网技术和水肥智能一体化系统能实现对蔬菜生长环境的温度、湿度、光照度、土壤肥力、土壤酸碱度及病虫害类别的实时监控，但是缺少指导蔬菜健康成长的信息数据库，不能智能指挥蔬菜生产各环节机械装备的有效衔接和自主作业。

收集蔬菜机械化生产所需的水分、养分、病虫害、光照度、温湿度等方面的信息数据，探索建立适合蔬菜生产机械化的成长信息数据库，作为指导各类蔬菜机械自主开展工作的控制中枢。运用以点带面的效应，建立一整套完善的蔬菜成长信息采集体系，收集主要种类蔬菜的成长信息并形成数据库。

（三）通过"产学研推用"深度融合，提升蔬菜全程机械化技术质量

目前，国内生产的蔬菜移栽和收获机械，部分是引进国外的产品，其机械装备先进，但却不适合本地农艺特点，适用性差。另一方面，农业机械专业性强，工作参数复杂，调试难度高，对设备操作人员要求严格。缺少先进适用、安全可靠的蔬菜生产机械装备，无法提高菜农使用机械化种植的积极性。蔬菜移栽和收获机械是蔬菜生产实现全程机械化的难点、痛点，也是蔬菜生产机械的技术创新点。

探索蔬菜种植机械，鼓励农机推广组织、农机企业、高校、科研院所和蔬菜种植户联合起来，推动"产学研推用"的深度融合。以市场与农民需求为导向，充分发挥高校和科研院所的科研创新能力、农机企业升级改造农业机械方面的能力及农机推广部门在试验与验证、示范和推广方

面的能力,对引进蔬菜移栽、采收机械开展反复的试验、改进和提升,着力解决蔬菜机械实用性和适用性差、操作复杂、自动化程度低等问题,降低科技创新成果的转化成本,解决蔬菜种植、收获等关键环节中"无机适用"的问题。通过探索蔬菜生产全程机械化技术,推出接地气、可复制、可推广的蔬菜生产全程机械化技术整体解决方案,推动蔬菜生产机械向全程、全面、高质和高效方向发展。

二 蔬菜全程机械化种植典型案例

开展蔬菜生产全程机械化生产技术应用,不断优化农机具配置方案,做好各环节间农机农艺技术配套衔接,为蔬菜全程机械化生产装备技术的推广应用提供借鉴。选定辣椒和西蓝花两种作物在连栋大棚和8米宽的标准拱棚内开展全程机械化生产技术应用研究。棚内田块地表平整,通风、喷滴灌等配套设施齐全,在棚内中间位置保留1米宽的空白地带,作为机具作业通道。

(一)蔬菜生产全程机械化技术路线

蔬菜生产全程机械化技术路线:机械化穴盘育苗(精密播种机或育苗流水线)→机械化净园(重型旋转式割草机或旋耕灭茬整平机)→机械化施肥(手推式或悬挂式施肥机)→机械化耕地(悬挂式或遥控履带自走式旋耕机)→机械化起垄(悬挂式起垄机)→机械化移栽(半自动或全自动两行移栽机)→机械化植保(履带自走式喷雾机)→人工采收+机械化搬运(履带自走式运输机)→蔬菜残体处理(重型旋转式割草机或旋耕灭茬整平机)。

(二)蔬菜生产全程机械化技术应用

(1)播种与育苗。培育生长均匀、标准统一的幼苗是蔬菜生产的重要环节,不仅便于育苗期的集中管理,而且能够提高蔬菜复种指数和土地利用效率。按照吸种工作部件结构形式的不同,育苗播种机械可分为针吸式、滚筒式和盖板式三类;按照自动化程度不同,育苗播种机械可分为全自动育苗播种流水线和半自动育苗设备。2BS-QJ气吸式精密播种机是一种气吸式的半自动育苗设备,如图7-2所示,它能够确保播种时一穴一粒,且能将种子播于穴盘穴孔的中央位置,不重播、不漏播。该机需要在

一定量的人工辅助下完成拌基质、装盘、播种、覆土、浸水及遮阳等工作,适合小批量的精密育苗播种,气吸式针头可根据不同的蔬菜品种进行调换。

图7-2 2BS-QJ气吸式精密播种机

（2）净园。净园是蔬菜机械化生产的第一个环节。净园有两种方式:地表粉碎和粉碎埋茬。两轮微耕机如图7-3所示,用它配套60厘米幅宽重型旋转式割草机能很好地将辣椒、西蓝花等作物藤蔓进行粉碎并覆盖于地表,但机具作业幅宽较小,不易将整垄两行植株全部喂入,且机具作业速度较慢、作业效率不高,适用于小田块机械化生产。旋耕灭茬整平机配套404大棚王拖拉机作业,不仅能将整垄两行植株全部喂入、粉碎,而且能将粉碎后的藤蔓直接还田,具有行驶速度快、作业效率高等优点,适宜于在大田块、大规模机械化生产中使用。

图7-3 两轮微耕机

（3）施肥。根据所施肥料的不同,施肥机械可分为颗粒肥撒肥机和粉肥撒肥机等类型。大棚王拖拉机配套佐佐木 CFC 型撒肥机适用于撒施颗粒状复合肥,摆臂式撒肥机构在设计上模仿人手的撒施动作往复摆动,撒肥均匀。作业时,根据地块大小,可选配 4 种规格的肥箱。MSX 650M 自走乘坐式有机肥撒肥机可用于撒施粉状有机肥,施肥作业幅宽可在 1.2~2.5 米范围内自由调节,且具有自动取肥功能,作业轻便高效。

（4）耕整地。耕整地环节一般有耕地和整地两道工序。1GZ–120 型遥控履带自走式旋耕机小巧灵活,操作简单,具有机械、遥控两套操纵系统,可实现手自一体化操作,在狭小、低矮的棚内空间尤为适用。该机型降低了操作人员劳动强度,人机分离的智能化作业模式更大程度上保证了操作人员的人身安全,基本解决了狭小、低矮大棚内难以开展机械化作业及操作人员易受有害气体伤害的难题,实现了高水平、高质量的机械化作业。起垄覆膜机是集开沟、起垄、整平等多功能于一体的设施农业装备,如图 7–4 所示,它是当前设施蔬菜、瓜果种植较为适宜的起垄作业装备,具有作业效率高、配套动力技术要求低等优点,符合农业园区的发展需要。起垄覆膜机主要由旋耕碎土和起垄整形两部分组成,可调部件主要有圆盘犁、拖板和镇压辊等。安装在起垄机前端两侧的圆盘犁,用于将土向中间翻起,以形成垄体,使用前应将其调整至合适的深度与角度。拖板高度调节器用于控制起垄高度。压辊高度调节器用于控制压辊压实的力度,可根据所种植作物的农艺要求进行调整。

图7–4　起垄覆膜机

（5）移栽。移栽作业是茄果类、结球类蔬菜生产过程中的一个主要环节。目前，国内对蔬菜移栽机械的研究与应用呈现快速发展趋势，出现了较多的蔬菜移栽机类型。按照移栽行数来分，有单行、双行及多行移栽机；按照喂苗方式来分，有人工投递和自动取苗移栽机；按照动力配置来分，有自走式、悬挂式和牵引式移栽机；按照动力类型来分，有汽油或柴油式、电动式及油电混合式移栽机；按照驾驶方式来分，有乘坐式和步进式移栽机。蔬菜移栽机种类较多，但机具销售价格普遍较高。目前，半自动蔬菜移栽机可实现 30~60 厘米范围内 9 级株距调整和 0~60 毫米范围内 15 级移栽深度调整，行距调整则需要上下配合，保证落苗能进入钳夹中心。整机在作业过程中操作简便，性能可靠，行驶稳定，适应性强，栽植合格率在 87% 以上，与育苗、耕整环节配套性较好，可满足多种作物的移栽作业要求。使用该机可减轻劳动强度，节省人工，提高经济效益。全自动蔬菜钵苗移栽机采用自动取投苗、钵苗整体移栽方式，如图 7-5 所示，作业过程中仅需 1 人操作，能够自主实现取苗→喂苗→开沟→定植→覆土→压实 6 道工序的机械化作业，栽植株距在 5~52 厘米范围内 20 级可调，适宜垄上移栽和平地移栽，每小时可移栽 0.2 公顷左右的秧苗，不仅能够大幅度提高生产效率，而且能有效解决蔬菜移栽中用工难、用工贵、劳动强度大和秧苗栽植不均匀等难题。

图7-5　全自动钵苗蔬菜移栽机

（6）植保。设施蔬菜植保作业采用履带自走式风送喷雾机和履带自走式喷杆喷雾机。这两种工具均采用 4 挡作业，行驶速度为 1.9~2.0 千米/

小时。其中：风送喷雾机作业幅宽较大，风送药液穿透能力较强；喷杆喷雾机作业幅宽与拱棚宽度较为接近，且为定向精准喷洒，作业时行走于棚内中间位置的作业通道。履带自走式风送喷雾机采用液力雾化并由气流辅助喷雾，雾滴经液力与风力二次雾化，直径在 150 微米左右，喷雾均匀度高，雾化效果好，每平方厘米可分配数十个至上百个雾滴，对于生长茂盛、枝叶达到封行不见地的辣椒等作物，具有极好的适应性；在连栋大棚内跨单元作业，不仅能够节省土地资源，而且能大幅提高作业效率。喷杆喷雾机因其喷头喷射角度可调，喷杆高度可升可降，单个喷头喷洒的宽度可控制在一定范围，并能对准作物进行喷洒，对于西蓝花和辣椒两种作物都具有良好的适应性，能够很好地适应作物植株及插架高度低于130 厘米的设施蔬菜大棚作业。

（7）采收搬运。辣椒和西蓝花两种作物均以人工采摘收获为主。西蓝花组织脆嫩，采收与搬运都要轻拿轻放，目前尚无适用的采收机械，主要依靠人工完成采收。当西蓝花花球充分长大，花蕾颗粒整齐，不散球、不开花时，其品质和产量最高，适宜采收。采收时间以清晨和傍晚为好，按照市场标准（花球直径为 12~18 厘米、花球连柄长不低于 14 厘米，质量400~600 克）进行选择性收获。采收时花球周围保留 3~4 片小叶，花球下部带 10 厘米花茎一起割下，可保护花球。将履带自走式喷雾机的喷雾装置及药箱拆下后，即可将其作为搬运机械。该机拥有履带式行驶机构，爬坡越障能力较强，机具小巧，通过性好，转弯调头方便。履带自走式喷雾机在不同时期完成不同的作业功能，实现一机多用，可大大节约生产成本。机具行走于作业通道，2~3 人配合，可轻松完成采收、搬运作业。

（8）残体处理。蔬菜残体处理作为设施蔬菜机械化生产的最后一个环节，与净园有许多相同之处，在一定范围内可以视作同一生产环节。拱棚内选用重型旋转式割草机配套两轮微耕机作业，将采摘收获后的西蓝花或辣椒植株藤蔓进行粉碎并覆盖于地表。机具小巧灵活，操作简单，作业死角小，碎草率高，对于辣椒、西蓝花等多种类型蔬菜藤蔓都有很好的适应性。但该机存在缺点，即 60 厘米作业幅宽与当前的辣椒、西蓝花栽植模式不能完全配套，单趟作业难以完成整垄（2 行）植株藤蔓的处理，需要作业两趟才能将整垄西蓝花藤蔓全部粉碎完毕。后续引进该类型机具时，建议将 80 厘米作业幅宽的机具作为首选。连栋棚内选用旋耕灭茬整

平机配套 404 大棚王拖拉机作业,将植株藤蔓粉碎后埋入土壤。该机作业幅宽大、效率高,碎草、碎土作业效果良好,碎土率普遍在 85% 以上,埋草还田率高,一次作业能将 85% 的藤蔓碎屑埋入 0~12 厘米的土壤耕层,作业两遍可将 95% 以上的藤蔓碎屑埋入 0~18.7 厘米的土壤耕层。

　　蔬菜全程机械化生产技术和先进农机装备的使用,有效提高了设施蔬菜生产作业效率,减少了人工投入,减轻了劳动强度,降低了生产成本。发展设施蔬菜全程机械化生产技术,亟须做好各生产环节间的配套性研究,加强农机农艺融合,在设施规划方面做出改进。比如:从最初的育苗环节开始,为保证栽植质量、适应蔬菜移栽机作业,要求采用孔数适宜的穴盘育苗,且所育幼苗需处于穴孔的中心位置,以利于其能从穴盘中拔出。同时,需根据植株大小,掌握好栽植时间,避免因苗龄过大,机具难以持苗或秧苗从钳夹中滑落,从而造成漏栽。在设施大棚内要开辟机具作业通道,以便于机具作业。通过改进以往低水平、低质量的机械化作业模式,不断提升设施蔬菜生产的经济效益和社会效益。

第八章

林果生产全程机械化解决方案

▶ 第一节　林果种植区域分布及农艺特点

一 山核桃的种植区域分布及农艺特点

(一)种植区域分布

山核桃别称"小核桃",产地遍布全球各地。我国作为山核桃原产国之一,栽培历史较为悠久。中国的山核桃主要产自浙、皖交界处的天目山区,浙江省内的产地包括临安的岛石、昌化等地;在安徽省内,主要分布在皖南山区和皖西大别山区,全省山核桃种植面积从 20 世纪 80 年代的3 万亩,经过多年的发展,现已超过 30 万亩,每年产量 4 000~6 000 吨。其中,在皖南山区,宁国市的山核桃有 2 万亩,主要栽培在天目山系的南极、胡乐和庄村等 12 个乡镇。歙县的山核桃种植约有 3 万亩,主要栽培在英坑、竹铺、三阳、金川等 9 个乡镇。绩溪县的山核桃种植有近 5 万亩,主要栽培在荆州、校头和杨溪等 6 个乡镇。黄山市和旌德县等地也有少量栽培。皖西大别山区的金寨、霍山两县有 2 万亩的天然次生山核桃林,其主要集中在关庙、天堂寨、燕子河和吴店等地方。

(二)农艺特点

1.种植环境

山核桃适宜生长在腐殖质含量丰富、海拔 400~1 200 米的山谷或疏林中。山核桃的生长受温度、光照、降雨、土壤等条件的影响。山核桃生长的年均温度以 15~16 摄氏度最佳,花期时对温度要求较高,低温会对发

育、授粉等过程产生一定的影响。山核桃具有耐阴性的特点,在光照较强、没有植被的地方分布极少。山核桃生长要求较多的水分,且不同的生育时期对水分的要求也有所差别。在花期,忌连续阴雨天气;而在果实发育时期,需要充足的雨水条件。一旦发生干旱,会对山核桃的产量及品质产生不利影响。另外,山核桃适宜生长在土层深厚、肥力水平高、透气性良好、排水方便、pH≤7 的土壤环境中。一般在山地黄壤、黑色石灰土等地块上,山核桃的生长良好、产量高,产出的果实品质佳。

2.农艺

(1)播种育苗。山核桃播种阶段所采用的播种形式主要是开沟条播和点播两种方式,播种沟之间的距离为 25 厘米,植物间的距离为 5~6 厘米,每亩土地的播种量应控制在 0.1 吨左右。

(2)种植管理。灌溉及修剪管理:在山核桃树苗入土之后的半年之内,属于树苗的快速生长期,而在此期间,树苗对水分的需求也比较大。期间,应增加灌溉的频率,确保山核桃树苗生长区域的土壤水分充足。在山核桃树苗稳定生长 10 个月之后,其树苗枝干的横向生长状态就会比较明显,此时,工作人员需要开展树苗修剪工作。在修剪树枝时,需要修剪掉遮光树枝,如果树苗枝干较密,也需要进行修剪。但是,在修剪一些较为粗壮的枝干后,需要为枝干截面涂上防护液,避免树枝枯死。

(3)开沟施肥作业。核桃树施肥主要分为 3 个阶段。第一阶段是在核桃开花前或展叶初期进行,以速效氮肥为主,主要作用是促进其开花坐果和新梢生长,追肥量应占全年追肥量的 50%。第二阶段是在幼果发育期(6 月份),仍以速效氮肥为主,对盛果期的树也可追施氮、磷、钾复合肥;此期追肥的主要作用是促进果实发育,减少落果,促进新梢的生长和木质化程度的提高及花芽分化,追肥量占全年追肥量的 30%。第三阶段在坚果硬核期(7 月份),以氮、磷、钾复合肥为主,主要作用是供给核桃仁发育所需的养分,保证坚果充实饱满,此期的追肥量占全年追肥量的 20%。

(4)植保作业。发现患病枝条应及时去除,并将剪下来的枝条进行集中处理。树枝刚刚萌芽时喷施 3~5 波美度的石硫合剂,生长期喷施多菌灵,可有效降低黑斑病、炭疽病的发生率;发现瘤蛾时,可以使用 50% 辛硫磷乳油 1 500 倍液喷雾;出现云斑天牛需及时清理其粪便,并使用磷化铝片堵塞虫孔,消灭幼虫。

（5）除草工作。山核桃除草主要是在立秋前和收获后两个时间段进行。在立秋前进行除草，是为了给山核桃采收提供便利，收获后除草是为了避免立秋前除去的杂草再次萌发；而收获后除草可以将二茬杂草除去，避免来年杂草丛生，从而减少杂草对水分、养分的竞争。

（6）采收。山核桃在每年的 9 月初、白露前后成熟，过早、过晚采收都会对山核桃的产量造成影响，因此需要及时采收。

（7）贮藏。山核桃在贮藏保鲜期容易腐烂，合适的贮藏方法能延长山核桃的贮藏时间并能有效减少山核桃的腐烂。常用的贮藏方法有干藏法与塑料薄膜包装贮藏法。干藏法是将脱去青皮的山核桃置于干燥通风处晾至坚果的隔膜一折即断，种皮与种仁不易分离、种仁颜色内外一致时再贮藏。将山核桃装在麻袋中，放在通风、阴凉的房内。贮藏期间要防鼠害、霉烂和发热。塑料薄膜包装贮藏法是将山核桃装袋后堆成垛，在 0~1 摄氏度下用塑料薄膜大帐罩起来，把二氧化碳或氮气充入帐内。在贮藏初期充气浓度应达 50%，以后二氧化碳保持 20%、氧气保持 2%，这样既可防止种仁脂肪氧化变质，又能防止核桃发霉和生虫。

二 板栗的种植区域分布及农艺特点

（一）种植区域分布

板栗在我国分布十分广泛，地跨寒温带、温带、亚热带，垂直分布海拔 50~2 800 米，栽培品种约为 300 个。根据板栗的地理分布、适宜栽培条件、品种类群及坚果经济性状，将全国板栗产地分布区划分为华北、西北、长江中下游、东南、西南、东北等 6 个栽培区，中国内地的 22 个省（市、自治区），仅西藏、青海、宁夏、新疆、海南等少数省区不种植板栗。至今，在长江流域及西南地区仍蕴藏有丰富的板栗资源。安徽地处长江中下游平原，是全国板栗重点产区之一，从淮北到江南、从平原到山区都有板栗分布，主产区位于皖南山区的宁国、广德，大别山区的舒城、金寨、霍山、六安、潜山、太湖、岳西等市县，皖东丘陵的滁州及沿江丘陵的池州等地也有成片栽植，淮北平原除盐碱地外都有板栗零星栽培。金寨、广德和舒城的板栗在全国都有美名。金寨是全国 7 个板栗生产重点县之一，到 2013 年，金寨县共有板栗种植面积 50 万亩，产板栗 3 万多吨，产量位居

全国第一。金寨成为全国板栗种植面积最大、产量最多的县。广德共有 25 万亩板栗园,年产量可达 7 500 吨,全县有 14 万农民从事板栗种植经营,栽种面积在万亩以上的就有 5 个乡镇。舒城素有"板栗之乡"的美称,大面积栽培板栗有 300 多年的历史,现有板栗 30 万亩,年产量 3 万吨。

(二)农艺特点

1.种植环境

板栗是一种适应性强的树种,在除极端沙土和黏土、盐碱地外均能生长,但在沙壤土中生长效果最佳。板栗适宜的年平均气温为 10.5~21.7 摄氏度。板栗对土壤酸碱度较为敏感,适宜在 pH 为 5~6 的微酸性土壤中生长。综上所述,板栗园应选地下水位较低、排水良好的沙壤土,忌在低湿易涝、风大的地方栽植。

2.农艺

板栗的种植生产过程:选种→播种→采收→剥苞→贮藏。除此之外,还有必不可少的一些田间管理措施。

(1)选种。选择果粒大、颜色鲜艳、饱满、未失水、无虫眼的栗果,作为实生繁殖的栗种。

(2)播种。板栗的播种方式主要有实生繁殖和嫁接繁殖两种。实生繁殖是传统的繁殖方法,在生产上应用很广,栗实生苗可直接栽植、培育,成熟期树体高大,主干挺直,有木材利用价值。但嫁接繁殖具有更多的优越性,因此,在长期应用实生繁殖的栗产区现在正向嫁接繁殖发展。

(3)田间管理。

①旋耕作业。可以在春秋两季种植板栗树苗,若是在春季进行种植,建议在发芽之前种植。若在立秋之后进行种植,种植之前需要进行旋耕松土。

②割草作业。在栗树成长阶段,需要进行中耕除草,第一次为 5 月中旬,这时杂草生长旺盛,栗树根系生长正值高峰期之前。中耕除草有利于板栗树根系生长发育。第二次除草在 7 月下旬至 9 月上旬,主要清除杂草,减少杂草对养分、水分的竞争,疏松土壤,蓄水保墒。第三次除草在 9 月中旬,采收前清洁栗园,便于收获。

③开沟施肥作业。板栗树新根由 7 月初开始生长到落叶停止,在雨量最充沛的 7 月下旬到 8 月初追肥效果最好,因为化肥施用后一个月才

能发挥出最大功效,而 8 月下旬是栗蓬膨大期,9 月份落果前栗仁增重最快、需肥量最大。

④植保作业。一般在入冬前及早春芽萌发之前进行植保工作,以防止害虫孵化,避免栗树遭受虫害,导致板栗产量下降。

⑤栗树剪枝。冬季是板栗修剪的主要时期,修剪时间为立冬(11 月上旬)落叶后至惊蛰(3 月上旬)为宜。修剪的目的是培养合理的树形,疏除内膛过密枝、细弱枝,短截营养枝,调整留枝量,使留下的枝在树上分布均匀,以改善通风透光的条件。夏季修剪一般在 7—8 月份进行,及时疏除过多、过密的营养枝、徒长枝,对于缺枝的地方,可以对徒长枝进行摘心处理,促进枝条充实、产生分枝,这样有利于第二年结果。

(4)采收。板栗成熟的标志是栗苞由绿转黄并自动开裂。早熟品种在 8 月中下旬成熟,晚熟品种在 10 月下旬成熟,大部分品种在 9 月中下旬成熟。采收应在栗子充分成熟后进行,此时的栗子皮色鲜艳,含水率低,营养成分高,品质好,耐贮藏。板栗的采收方法是打栗苞,待栗苞由绿转黄时用工具打下。

(5)贮藏。板栗在贮藏保鲜期容易腐烂,合适的贮藏方法能延长板栗的贮藏时间并有效减少板栗的腐烂。常用的贮藏方法有沙藏法、冷藏法。沙藏是一种传统的板栗贮藏方法,沙藏沟应选择在干燥、排水良好、背风阴凉处,采用潮湿干净的河沙,河沙的含水率为 8%~10%。沙子和栗子的比例是 7:3,在贮藏期间,沙子和板栗可以混合贮藏或分层贮藏。贮藏期约为 5 个月,板栗腐烂损失率一般为 30%~40%。冷藏法是目前运用最广泛的贮藏方法。低温冷藏能抑制板栗果实的新陈代谢,这对板栗的长期保存具有积极的影响。研究表明,在−2 摄氏度的低温环境下,板栗冷藏保质期可达 9 个月,好果率为 92.1%,发芽率为 0。

三 草莓的种植区域分布及农艺特点

(一)种植区域分布

草莓原产于南美洲,现分布于亚洲、欧洲和美洲。目前,我国依据地理位置和气候条件等,将草莓产区划分为秦岭和淮河以北的北方区、秦岭与淮河以南的长江流域区和南岭以南的华南区三大区域。全国草莓种植面积有 270 万余亩,产地主要分布在四川、河北、安徽、辽宁、山东等地。安徽省地处长江流域,气候温和、四季分明且降水量充足,适合草莓的生长,故安徽省长丰县、太和县、安庆市宜秀区和泗县等地都有大面积的种植。其中,长丰县作为全国最大草莓种植示范基地,自 1983 年开始种植草莓,规模逐年扩大,并形成了品牌。2021 年,长丰县的草莓种植面积达到 21 万亩,年产量超 35 万吨。

(二)农艺特点

1.种植环境

草莓具有喜光、喜水、喜肥、怕涝等特点,所以草莓园多选择在地势较高、地面平坦、土质疏松、排灌方便、光照良好、有机质丰富的壤土或沙壤土区。草莓喜中性或微酸性土壤,较适宜的 pH 为 5.5~7.0。

2.农艺

(1)整地施肥。大棚草莓在 8 月份开始整地(要注意土壤湿度),如果是连作,土地要在 7 月份开始进行棚内消毒(尽量避免在汛期和下雨期间消毒)。基肥非常重要,施有机肥料 3 000~5 000 千克/亩、复合肥 50~60 千克/亩、微生物肥 20~25 毫升/亩。

(2)育苗。草莓育苗可以采用穴盘育苗或者露地育苗。露地育苗的种植地应选择没有连种过草莓的土地。冬天要深翻土地,杀死杂草种子和虫卵。母株选用当年投产的脱毒苗,用其繁育的子苗作为种苗。8 月上旬,除去弱苗、小苗,除去母株或者摘除母株叶片。移植之前,停止施肥,控制氮肥施用,控制水分,促进发芽分化。

(3)栽植。栽植时选择生长健壮、根系发达、无病虫害的植株,带土移栽。如果是裸根,可蘸微生物菌剂,菌剂浓度以 0.3 亿~0.5 亿/毫升为宜,栽后浇足水。

(4)灌溉施肥。白天大棚温度较高,所以灌溉应当集中在清晨或者傍晚进行。草莓生长后期外界温度偏低,此期灌溉工作要在中午温度较高的时间进行。

(5)铺膜和残膜回收。对草莓覆盖地膜可以有效减少水分蒸发,抑制杂草生长,隔绝草莓和土壤接触,减少病虫害的发生,保证果实干净卫生。覆盖地膜时,膜要铺平勿皱,以免后期膜上积水。

(6)疏花疏果。草莓开花坐果能力强,为获取较高的经济效益,要及时合理疏掉弱花、异果、黄叶,一般每穗花上保留 6 个果,以减少养分消耗,增加光照,促进草莓健壮生长。

(7)授粉。选择蜜蜂辅助授粉。一般每亩地放 1 箱蜜蜂(700~800 只),冬季多阴天,气温低时要给蜜蜂喂食,让其有能力为草莓授粉。蜜蜂的食物是特制的花粉,将其与清水充分搅拌,合成团状即可,然后捏成饼状放在蜂巢框梁上。

(8)病虫害防治。草莓生长过程中主要发生的病害有根腐病、炭疽病、白粉病、黄萎病、灰霉病、病毒病等,虫害主要有蚜虫、红蜘蛛、斜纹叶蛾等。病虫害的防治以预防为主,采取物理防治和化学防治相结合的方法。化学防治过程中,宜采用高效、低毒、低残留的农药,一般施用间隔期为 1 周以上,药剂应交替施用,避免病菌和害虫产生抗药性。采摘前 1 周,禁止喷洒农药。

(9)采摘。2 月下旬到 3 月份是草莓采摘的最佳时节,这时草莓的甜度和外形等品质均达到最佳。草莓一般是 4—5 月份的时候大丰收。根据不同地区的气候条件,草莓上市的时间稍微有些差异。

▶ 第二节　林果生产全程机械化现状及存在的问题

一　山核桃生产全程机械化现状及存在的问题

山核桃生产全程机械化主要包括采收、脱蒲(脯)、破壳取仁及林间管理等环节的机械化。当前山核桃生产基本实现了机械化,涵盖生产的各个环节。

(一)采收

传统的山核桃采收是人为使用竹竿拍打,甚至需要爬到树上进行工作,危险性高,为了不错过采摘季,果农通常都会进行连续的高强度工作,人员伤亡事件时有发生。采收环节实现机械化对核桃产业的发展至

关重要。

针对山高、坡陡、树高等问题,图8-1所示的手持式高空拍打坚果采打机有效帮助了农户采收时节面临的四大痛点——危险性高、人工费用高、采收效率低、采收周期短。这款采打机采用自主研发的专用锂电池,可连续工作3~4小时,操作杆可伸长6~8米,而且动力的传送不会受到影响。另外,有多种机头可自由选择,机头是采用硅胶内嵌式设计,不易伤害树皮、打断树枝,这样就保护了果树来年的产量。它可用于板栗、巴旦木、碧根果、枣类等坚果的采收。

目前,手持式高空拍打坚果采打机对于树高10米以上的采打效果不够理想。今后将继续开发不同机型、不同动力且性能好、重量轻、操作简单、使用方便、安全可靠的采打机,降低生产成本,让农民买得起、用得好。

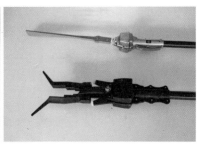

(a)采打机　　　　　　　　　(b)"Y"形、"L"形机头

图8-1　手持式高空拍打坚果采打机

(二)脱蒲(脯)

传统脱蒲(脯)为山核桃成熟后将其堆放几天,等到山核桃蒲(脯)与果实之间产生裂缝,用木砻剥离蒲(脯)和果实。这种处理方式不仅周期长、生产效率低、劳动强度大,而且成本高、脱蒲(脯)效果差,严重影响生产效率和果实质量。据相关调查,每年大约有上千吨山核桃蒲(脯)被丢入小溪,严重污染当地水资源环境,同时还造成生物质资源浪费。

图8-2所示的山核桃脱蒲(脯)机采用电动机或汽油机提供动力进行山核桃脱蒲(脯)。工作时,山核桃通过入料口进入脱蒲室内,转动的滚轮将带蒲(脯)的山核桃挤入装有纹杆结构和橡胶带的滚子与圆形栅板的间隙中,经受滚子的挤压、搓擦作用,山核桃蒲(脯)从内部的果壳上脱落,

再通过圆形栅板的间隙除掉蒲壳。蒲壳会随着活动间隙的不断缩小而脱落,然后在自身重力下由圆形栅板间隙掉落,脱净的山核桃果则随着不断运动通过滚轮与圆形栅板尾端的出料口被送出。根据实际工作情况,脱蒲(腐)机可以配用汽油机或电动机作为动力。作业时,可将脱蒲(腐)机抬到山上作业,蒲渣直接还山,以利于改良土壤、提高肥力、减少挑工,减轻农民的劳动强度。这类机器结构简单、操作方便,适合山区老年人操作。

(a)电动式　　　　　　　　　　(b)汽油式

图8-2　山核桃脱蒲(腐)机

(三)破壳取仁

针对国内山核桃破壳机取仁实用机型少、破壳率及整仁率不高等情况,采用模仿人工加工山核桃的破壳方式,研制出仿生敲击式山核桃蒲(腐)破壳机,如图8-3所示。该机采用自主设计的仿生机械臂,模仿人工加工山核桃时的动作特点,对山核桃进行破壳加工。其主要由喂料机构、破壳机构、凸轮机构、锤头与果窝槽组件、传动机构等组成。运用机械臂对山核桃进行破壳加工,每个破壳过程包括一次重敲击与一次轻敲击,机械臂由凸轮带动,动作准确,稳定可靠。敲击锤的底端与果臼槽都采用了一种内附窝眼式的凹槽形结构,这种内附窝眼式的凹槽形结构使坚果破壳时多点受力,有利于壳仁分离且果

图8-3　仿生敲击式山核桃破壳机

仁损伤小,保证在高破壳率的前提下极大程度降低果仁的损伤率。

目前,这款破壳取仁机正处在试验优化阶段,还没大规模示范推广应用。

(四)林间管理

(1)灌溉作业。目前,灌溉机械为小管出流式灌溉机械,与人工灌溉相比明显省水、省钱、省时、省力,增产、增收效果明显。而且,这些好处不仅体现在眼前,更惠及长远。

(2)开沟施肥作业。国内的开沟施肥一体机已经较为成熟,施肥量及施肥深度可调,能适应颗粒肥或粉状肥施肥作业;配备的斜盘开沟施肥机,可施复合肥、有机肥,满足核桃园的要求,为果农施肥作业节省人工成本。

(3)植保作业。使用无人机对山核桃园进行植保作业,每亩地的作业时间远低于传统人工,而且在整个喷洒作业过程中农药或叶面肥与工作人员分离,降低了农药对工作人员的健康危害。相比人工喷洒农药效率高40%,无人机喷洒农药降低了生产成本。

(4)修剪作业。国内山核桃树的整形修剪大多采用人工操作。根据核桃树修剪技术要求,以人工为主的修剪作业劳动强度大、效率低下、生产成本高、危险系数高。现在使用圆盘式修剪机,使山核桃产量相比之前每亩增加了 20 千克。但该机也存在缺点,即其高度太高,工作时容易受到空中电线、电缆的干扰。

(5)除草工作。由于大多数山核桃树种植在丘陵山区,地形复杂,除草工作困难,目前主要的除草方式是通过背持式除草机在山坡上进行工作,除草的工作效率低、劳动强度大。当前亟须一款可以适应丘陵山区的智能除草机,以降低果农的工作强度和人工成本。

二 板栗生产全程机械化现状及存在的问题

板栗生产全程机械化主要包括采收、剥苞及园间管理等环节的机械化。目前,落足板栗生产各环境的机具市场上基本都有。

(一)采收

我国对于林果采收机械化的研究起步较晚,目前主要以振动式、拍打式、气吸式、齿梳式和采摘机器人为研究方向。板栗果实带刺,落果易伤人,采摘难度较大。针对板栗采摘的机器,华中农业大学工学院研发了板栗拍打式收获机,通过拍打条对板栗进行拍打,从而达到采摘板栗的目的。但是,该机具暂处在试验阶段,适用范围较小,对于不是规范种植的板栗园就无法进行工作,也无法在丘陵山区工作。农民主要还是采用图 8-1 所示的手持式高空拍打坚果采打机收获板栗。

(二)剥苞

采摘的新鲜板栗需要及时脱苞,将栗果冷藏保鲜,否则容易霉烂、生虫、发芽,从而失去其应有的经济价值。传统的板栗剥苞是采用堆沤后手工方式,不仅效率低、劳动强度大,而且栗果易霉变、破碎、划伤。如果采用机械对板栗剥苞,就不需长时间堆沤,所以基本上无霉变、虫蛀损失,且栗果不破碎、不划伤。

如图 8-4 所示的板栗类剥苞机,通过柔性揉搓板的重复揉搓使板栗苞开裂、板栗果与板栗蒲分离。采用柔性揉搓方式可有效降低八九成熟板栗剥苞的损伤率。该板栗剥苞机分选装置由双层筛振动分选装置和风力清选装置组成,双层筛振动分选装置将板栗果从板栗苞中分选出后送往出料口,风力清选装置将板栗果与其他杂物分离,有效提高了分选与清选效果。该机对板栗剥苞的损伤率低、未脱率低,分离清洁度高、作业效率高。

图 8-4　板栗类剥苞机

这款剥苞机针对成熟的板栗剥苞效果好,但对于鲜嫩的板栗容易造成损伤。因此,对于鲜嫩的板栗,需进一步研发创制更先进的剥苞机。

(三)园间管理

园间管理主要分为旋耕作业、割草作业、开沟施肥作业、植保作业和栗树剪枝,通过机械完成园间管理,能节省人工成本,促进板栗产业发展。

(1)旋耕作业。国内旋耕机发展较迟,随着国家的大力支持,果园旋耕机得到发展。果园内用的旋耕机主要是微型机,可以满足果农的需求;但是,存在需要人工操作转向、劳动强度大、作业效率较低等问题。随着履带式果园多功能管理机的出现,降低了人工成本和劳动强度,它可以在丘陵等复杂环境工作。但是,履带式果园多功能管理机价格昂贵,不适用于我国一家一户的经营模式。

(2)割草作业。现有割草机具,主要是通过配备高速锤刀式贴地割草装置,切割粉碎各类杂草或种草,与人工除草相比,割草机降低了人力成本,而且避免使用农药除草影响板栗质量,从而提高了栗农的收入。但是,现有割草机具无法在坡度较大的山区工作。山区除草机具有良好的研究前景。

(3)开沟施肥作业。国内开沟施肥一体机已经较为成熟,施肥量及施肥深度可调,能适应颗粒肥或粉状肥施肥作业;配备的斜盘开沟施肥机,可施复合肥、有机肥,能满足栗园的要求,为果农节省施肥作业人工成本。

(4)植保作业。目前栗树植保工作逐渐走向无人机方向,通过无人机对山上的栗树进行植保工作,无须操作人员近距离操作,安全性很高,工作效率也大大超过人工。但是,无人机的成本较高,且需要对操作人员进行培训,推广效率较低。

(5)栗树剪枝。国内剪枝机研究起步较晚,当下主要还是以手工修剪为主,人工成本较高。随着科技的发展,出现了电动修剪、气动修剪、悬挂式修剪等设备,目前国内以手持式电动修剪机和气动修剪机为主要研发方向,这两种修剪机只需要按下开关即可修剪枝条。但手持式电动修剪机存在机器过重、续航能力较差等问题,亟须解决这些难题,为果农降低生产成本。

三 草莓生产全程机械化现状及存在的问题

草莓的生产作业大致经过整地、育苗、栽植、灌溉、施肥、铺膜、疏花疏果、人工授粉或蜜蜂授粉（温室内）、收获、分选等作业。现有的农业机械技术水平尚无法解决草莓生产作业全程机械化问题，草莓的疏花疏果、收获、分选等实现机械化作业是世界性难题。目前，能够使用机械作业的环节有整地、育苗、栽植、灌溉施肥、铺膜和残膜回收。

（一）整地

整地环节主要是进行土地起垄。国内起垄环节的机械化水平很低，是短板。目前，多数温室作业空间狭小且国内少有专用起垄机具，生产中大部分还是靠人工起垄。有些园区或种植户也有用开沟机先行开沟辅助起垄，但机具外形偏大，作业时调头困难，用其开沟起垄后均需投入大量人力进行土垄培土和二次整形。这种整地方式费时、费力，且作业质量很难保证。

针对草莓种植起垄难的问题，安徽农业大学联合中联重机股份有限公司于 2019 年研制了一款温室大棚草莓种植开沟起垄机，目前应用于长丰县草莓种植的起垄、开沟环节。该机器能够较好地适用于安徽省的土壤环境，同时也符合安徽省种植草莓的农艺要求，具备较好的推广应用前景。

（二）育苗

目前，欧美及日本采用组织培养的方法培育草莓秧苗，并且已经研制出了组织培养机器人，这种方法可以培育出优质秧苗和进行大规模育苗；但组织培养技术操作要求高，需要在显微镜下进行无菌操作。我国各草莓生产基地仍采用手工培育草莓秧苗，不利于秧苗的繁育和品种的更新。

（三）栽植

国内移栽机研究起步相对较晚，发展比较慢，目前移栽作业仍以人工为主。现有的移栽机主要用于水稻、蔬菜、烟草、棉花等作物的移栽，针对草莓的移栽机大多数均处于研发状态，尚无完全自主创新且适合国内移栽农艺要求的草莓全自动移栽机。

（四）灌溉施肥

草莓灌溉施肥机械与其他作物的灌溉施肥机械基本可以通用,根据草莓的栽培方式、农艺要求等因素将现有的滴灌设备进行改进即可用于草莓生产。在草莓整个生长期需要多次灌水,其不同的生长时期对水量的要求也不同。若草莓植株的高度低,可以考虑采用喷灌或滴灌的方式灌溉。目前,灌溉施肥的研究方向是精准化、自动化。精准灌溉施肥技术与传统草莓灌溉施肥技术相比,能大幅提高水肥利用率、草莓的品质和产量,也保护了生态环境。

（五）铺膜和残膜回收

我国露地栽培草莓有高畦垄做法和地毯式栽培之分。为了保持土壤适宜的水分,促进草莓根系发育,降低植株间的湿度,减轻病害,达到保温、增温、增产的效果,可在秧苗栽植前覆盖地膜。由于地膜会对土壤和环境造成污染,利用残膜回收机清理地里的残膜是必要的。另外,我国已经有成熟的铺膜机与残膜回收机械。

▶ 第三节　林果生产全程机械化解决方案及典型模式

一　山核桃生产全程机械化解决方案及典型模式

目前,山核桃生产已基本实现了全程机械化。山核桃全程机械化作业包括机械植保、机械割灌除草、机械灌溉、机械采打、机械脱蒲(脯)、林间机械转运、机械破壳取仁等。常用机具有植保无人机、割灌机、高压水泵、采打机、脱蒲(脯)机、林间轨道车、破壳取仁机、山核桃全自动生产线等。

以安徽省宁国市为例,为提高山核桃生产加工机械化水平,在山核桃的主产区南极乡、万家乡、胡乐镇、甲路镇等地建立了山核桃生产管理机械化示范基地,示范推广了高射程弥雾喷粉机和烟雾机,引导农民或种植大户使用机械防治山核桃病虫害,成功解决了山核桃病虫害人工防治费时、费力且危险性大的难题。同时,推广应用割灌机,积极引导农民对山核桃林地除草不使用化学除草剂,有效推进了生态保护和修复重建工作。为了解决山核桃人工采收、脱蒲(脯)危险性高、劳动强度大、效率低、污染环境等问题,积极推广采打机、脱蒲(脯)机等,并建立了林间轨道运输线两条,基本上实现了山核桃生产全程机械化。图 8-5 为宁国市山核桃生产全程机械化基地。

图 8-5　宁国市山核桃生产全程机械化基地

(二) 板栗生产全程机械化解决方案及典型模式

板栗生产全程机械化作业包括机械植保、机械割灌除草、机械灌溉、

机械采打、机械剥苞、林间机械转运等。常用机具有植保无人机、割灌机、高压水泵、采打机、剥苞机、林间轨道车等。板栗类似山核桃，都属于丘陵山区的坚果类，在技术人员大力研发、示范并推广适用机具的前提下，定会实现板栗生产全程机械化，促进板栗产业的健康发展。

三 草莓生产全程机械化解决方案及典型模式

以安徽省长丰县为例，为了提高草莓种植、生产机械化水平，在主产区已建立机械化育苗工厂，大范围应用了起垄机整地，同时正在引进移栽机，极大地提升了种植效率，确保在种植期内及时完成作业任务，不耽误农时。在植保方面，目前已在部分大棚内架设了滴灌系统，实现了自动化、机械化灌溉；配合正在示范推广的精量弥雾机，预防病虫害影响草莓的产量。

对于草莓的疏花疏果、收获、分选等作业，要实现机械化依然是世界性难题，因此，现有的农业机械技术水平尚无法解决草莓生产作业全程机械化问题。要想满足广大草莓种植户的迫切需求，解决草莓种植过程中无机可用、无好机用的难题，必须综合考虑地理环境和种植农艺要求，同时联合国内的农机产业研发、制造企业，充分发挥科技创新纽带作用，主动联合，加强同政府、企业、用户之间的密切沟通协作，积极搭建需求侧与供给侧的桥梁。

参 考 文 献

［1］赵勇.宣城市宣州区发展水稻种植机械化技术的意义及推广对策[J].现代农业科技,2020(4):34-35.

［2］武小燕,常志强.安徽省水稻种植机械化发展现状及分析[J].安徽农学通报,2016,22(12):118-120,145.

［3］王新龙.安徽省水稻种植机械化的思考[J].农业机械,2018(8):71-74.

［4］李林鹤,常志强.安徽水稻生产全程机械技术推广发展现状[J].安徽农学通报,2017,23(11):149-151.

［5］宋恩明.安徽水稻机械化种植的问题与措施分析[J].农家参谋,2021,(5):97-98.

［6］李宝筏.农业机械学[M].2版.北京:中国农业出版社,2018.

［7］蒋恩臣.农业生产机械化北方本[M].3版.北京:中国农业出版社,2003.

［8］中国农业机械化科学研究院.农业机械设计手册[M].北京:中国农业科学技术出版社,2007.

［9］韩长生,佟童,姜岩,等.不同种类谷物烘干机技术特征与合理选择[J].农机使用与维修,2022(7):4-6.

［10］周诚知.东至县水稻生产全程机械化示范区建设探析[J].安徽农学通报,2022,28(10):120-121,135.

［11］江洪银.安徽主要农作物生产全程机械化技术读本[M].合肥:安徽科学技术出版社,2020.

［12］武小燕.安徽省玉米全程机械化生产技术难点及对策[J].安徽农学通报,2021,27(24):42-43.

［13］王韦韦,谢进杰,陈黎卿,等.3YZ-80A型履带自走式玉米行间喷雾机设计与试验[J].农业机械学报,2021,52(9):106-114.

［14］王晴晴,郑侃,陈黎卿.我国免耕播种机发展现状与趋势[J].农业机械,2021(3):57-60.

［15］中国农业机械化科学研究院.农业生产全程全面机械化解决方案[M].北

京：企业管理出版社，2021.

［16］吴崇友，王积军，廖庆喜，等.油菜生产现状与问题分析［J］.中国农机化学报，2017,38（1）：124-131.

［17］万星宇，廖庆喜，廖宜涛，等.油菜全产业链机械化智能化关键技术装备研究现状及发展趋势［J］.华中农业大学学报，2021,40（2）：24-44.

［18］廖庆喜.油菜生产机械化技术［M］.北京：科学出版社，2018.

［19］马世杰，周可金.安徽省油菜机械化生产的现状与对策建议［C］.中国作物学会——2015 年学术年会，2015-08-19.

［20］黄凰，廖庆喜.图说油菜生产机械化［M］.北京：中国农业科学技术出版社，2021.

［21］谈小红.安徽茶叶生产机械化现状与发展措施［J］.现代农机，2022（1）：6-7.

［22］李兵.茶园管理机械发展现状及趋势［J］.现代农业装备，2021,42（2）：14-17+21.

［23］段凯，蔡克桐，梅军，等.丘陵山区茶园中耕机械化研究进展［J］.安徽农业科学，2017,45（22）：159-161.

［24］苗莽莽，张武，王志鸿，等.基于 CART 算法的茶园精准灌溉方法［J］.中国农业大学学报，2022,27（8）：208-220.

［25］秦宽，梁小龙，曹成茂，等.茶园切抛组合式开沟刀设计与试验［J］.农业机械学报，2021,52（5）：74-82.

［26］王亚涛，吴开华.一种多旋翼植保无人机静电喷雾系统研究［J］.江苏农业科学，2020,48（3）：225-230.

［27］吴先坤，李兵，王小勇，等.单人背负式采茶机的设计分析［J］.农机化研究，2017,39（8）：92-96+101.

［28］李兵，李为宁，柏宣丙，等.基于 EDEM 的茶叶揉捻机参数优化及试验研究［J］.茶叶科学，2020,40（3）：375-385.

［29］宋卫堂，李明.以"农艺－农机－设施"深度融合推动设施园艺高效发展［J］.农业工程技术，2020（1）：44-47.

［30］陈永生，刘先才，高庆生，等.发展蔬菜机械化必须推进种植标准化［J］.长江蔬菜，2019（12）：18-21.

［31］白春明，张天柱.现代农业新地标　蔬菜产业集群［J］.蔬菜，2021（1）：1-12.

［32］韩冰冰.皖北地区有机蔬菜种植技术发展现状及对策［J］.现代农业科技，2016（11）：142+144.

［33］崔标.怀远县蔬菜机械化种植技术试验分析［J］.农机科技推广，2022（5）：

44-47.

[34] 吴华瑞.智能农机赋能蔬菜产业高质量发展[J].蔬菜,2021(9):1-10.

[35] 杜志雄,陈文胜,陆福兴,等.全面推进乡村振兴:解读中央一号文件(笔谈)[J].湖南师范大学社会科学学报,2022,51(3):10-26.

[36] 李瑜.蔬菜栽培全程机械化技术推广应用[J].农业机械,2021(9):65-67.

[37] 田绍华,刘荣国,王萍.蔬菜全程机械化现状及发展趋势[J].山东农机化,2019(6):25-27.

[38] 赵艳红.蔬菜生产关键环节机械化技术应用探析[J].江苏农机化,2020(1):26-27.

[39] 陈红霖,田静,朱振东,等.中国食用豆产业和种业发展现状与未来展望[J].中国农业科学,2021,54(3):493-503.

[40] 徐强辉.广州蔬菜生产全程机械化技术的探索[J].现代农业装备,2020,41(1):69-73.

[41] 吴传云,温浩军,吴崇友,等.我国主要经济作物机械化主攻方向与主推技术[J].中国农机化学报,2021,42(12):195-203.

[42] 顾旭东,程玉龙,陈东海.设施蔬菜全程机械化生产技术应用探析[J].江苏农机化,2022(4):12-15.

[43] 丁网,安徽山核桃丰产研究,https://www.docin.com.

[44] 沈海萍,杨勇.薄壳山核桃培育与栽植技术[J].农民致富友,2018(18):119.

[45] 俞飞飞,孙其宝,周军永,等.安徽省板栗产业发展现状、存在问题及发展对策[J].中国林副特产,2014(3):87-89.

[46] 百度百科,金寨板栗 https://baike.baidu.com.

[47] 殷美旺.板栗实生苗繁殖技术[J].安徽农学通报,2015,21(21):93-94.

[48] 百度百科,栗,https://baike.baidu.com.

[49] 魏源,王凤春,丁田雨,等.板栗贮藏保鲜技术研究进展[J].中国果菜,2022,42(9):21-24,84.

[50] 今日头条,迁西板栗配方施肥技术,https://www.toutiao.com.

[51] 百度百科,长风草莓,https://baike.baidu.com.

[52] 王倩倩.草莓种植技术[J].新农业,2022(5):16-17.

[53] 周少群.淮北地区甜宝草莓种植技术[J].长江蔬菜,2020(1):22-24.

[54] 李克,韩晨,顾文威,等.果园履带自走式多功能管理机应用实践[J].乡村科技,2019(33):124-125.

[55] 宗望远,黄木昌,肖洋轶,等.板栗收获拍打式落果装置设计与试验[J].农业

工程学报,2021,37(18):1-10.

[56] 闫慧.板栗生产全过程机械化技术解决方案[J].农业机械,2021(7):83-85.

[57] 吴代林.江宁区草莓生产机械化问题的分析及解决办法的探讨[J].农业开发与装备,2013(2):55+108.

[58] 今日头条,草莓机械化起垄技术分享,https://www.toutiao.com.

[59] 胡建平,岳仁才,武东东,等.草莓移栽机的发展现状与展望[J].农业装备技术,2020,46(1):7-10.